我
们
一
起
解
决
问
题

吴倩 著

打　开
心智之门

与自己和他人更好地相处

人民邮电出版社
北　京

图书在版编目（CIP）数据

打开心智之门：与自己和他人更好地相处 / 吴倩著
. -- 北京：人民邮电出版社，2024.3
ISBN 978-7-115-63461-0

Ⅰ. ①打… Ⅱ. ①吴… Ⅲ. ①心理学—通俗读物
Ⅳ. ①B84-49

中国国家版本馆CIP数据核字（2024）第004735号

内 容 提 要

为什么有些人在亲密关系、职场、社交、个人成长等方面十分顺利，有些人却处处碰壁？除了运气、环境等外部因素外，到底是什么在影响一个人的成功？在人生的关键时刻，是什么决定了人们的行动，进而影响了一个人的命运？答案是你的心智成熟度，而影响我们心智成熟度的重要能力是心智化能力，你可以将其理解为"读心"。

心智化能力是我们理解世界和认识自我的基础，影响我们的人际关系和事业发展。本书以提升心智成熟度为目标，剖析了四种不同层级的心智模型，探讨了影响心智发展的因素，给出了让关系变好的三句神奇的口诀，并设置了13间"健心房"供读者汲取养分。此外，本书还探讨了如何在人生的关键场景有效使用你的心智。

本书适合所有渴望提升生活幸福感，希望在人际关系、职场、自我觉醒等方面获得成长的人阅读，能够帮助读者打开心智之门、升级认知、走出焦虑和迷茫。

◆　　著　吴　倩
　　责任编辑　黄海娜
　　责任印制　彭志环
◆人民邮电出版社出版发行　　　　北京市丰台区成寿寺路 11 号
　邮编 100164　电子邮件 315@ptpress.com.cn
　网址 https://www.ptpress.com.cn
　三河市中晟雅豪印务有限公司印刷
◆ 开本：880×1230　1/32
　印张：8.5　　　　　　　　　　2024 年 3 月第 1 版
　字数：150 千字　　　　　　　　2024 年 3 月河北第 1 次印刷

定　价：59.80 元
读者服务热线：（010）81055656　印装质量热线：（010）81055316
反盗版热线：（010）81055315
广告经营许可证：京东市监广登字 20170147 号

各方赞誉

你有没有被别人这样评价过：不会搞人际关系、太以自我为中心、待人处世幼稚、不理解某人真正的想法、不擅长与别人沟通，等等。作为一名"理工男"，我对这些标签心有戚戚焉。其实，智商高未必能让你摆脱这些标签。那么，心理学作为有关心智的科学，能否给出让人摆脱这些标签的合理答案呢？吴倩老师从心理学领域的前沿成果出发，结合了自己作为心理咨询师多年的实践经验，对如何了解自己和他人做出了充满温度的解答。我相信所有人都会从心智化的理论学习和实用且接地气的行动方案中获取人际交往的新动能。

——魏坤琳
北京大学心理与认知科学学院教授、博士生导师吴倩受过系统化的专业训练，怀着满腔热情投入心理咨询行业后，醉心其中，一直以来孜孜不倦地学习、磨炼、思考。本书正是吴倩整合经年累月的理论学习、实践应用和深入思考的结晶，她聚焦于如何"与自己和他人更好地相处"，既可以帮助读者深入透彻地理解自我和他人，也可以帮助读者恰如其分地应对自我和人际交往中的问题。

——雷雳

中国心理学会理事

中国人民大学二级教授、博士生导师

如同浩瀚的宇宙，人心的深处也同样浩繁，充满奥妙。但借助有力的工具和必要的帮助，我们仍然可以逐渐到达。吴倩的这本书，就是能够触达人心深处的一个有力的实用工具。并且，她的文字真诚且风趣，在去往内心的旅程中，有她的文字作伴，想必一定会到达某个有趣的地方。

——郝景芳

科幻作家、"雨果奖"得主

"折叠宇宙"发起人、"童行书院"创始人

"依恋模式"是心理学中一个非常重要的概念，在过往的大众读物里，基本只在家庭教育领域出现过，而它对成年人的影响却被忽略了。吴倩老师的这本书，通过"心智化"这个抓手，清楚地解释了依恋模式对我们每个人的影响。更重要的是，作者还提出了提升心智化水平的三大口诀以及可以进行心智训练的13间"健心房"。因此，本书不仅可以帮助你理解自己和他人，如果你能按照书中的建议来练习的话，也能提升自己的心智化水平，让你的心理更加健康，让别人与你相处时更加愉悦。

——赵昱鲲
清华大学社会科学学院积极心理学研究中心主任助理

如何理解人性？如果让我来挑选过去四十年来科学界最重要的思想进展之一，那无疑是"心智化"。自这一概念被提出以来，它深刻地改变了我们对人际关系、个人成长等诸多领域的看法。如今，我非常开心地看到了师姐吴倩的新作。在书中，她引导读者深入理解并应用"心智化"，从而改变自己的生活，迎来更加清晰、和谐的人生。

——阳志平
安人心智科技有限公司董事长
"心智工具箱"公众号作者

　　每个人都是一个独特的存在，我们的内心世界就如同神秘的黑箱，虽然无法直接看清楚，但里面却充满复杂的情感和思想，推动我们的决策和行动。正是每个人内在的复杂与独特性，使我们感知的世界如此绚丽多彩。这些部分深深地吸引着我，让我在20多年前踏入了心理学的殿堂，开始了对人性的探索。

　　自2003年起，我投身于心理学教学和心理咨询工作，而依恋理论则成了我的专业兴趣所在。在这个领域里，我见证了人们如何微妙而深刻地建立和维系关系，有时，一个行动看上去是拒人于千里之外，另一个行动看上去会造成自我伤害，但事实上，这两个行动都指向同一个令人意外的方向：渴望与人亲近，渴望获得安全感。在这个领域的工作让我切身体会到，内心世界这个黑箱，真的常常被我们的无意识层层包裹，以至于我们呈现出来的样子和自己内心世界的真相大相径庭，甚至有时连我们自己都在自己的内心世界里迷失了。

或许你也曾有过类似的观察：一个三四岁的孩子，能够用简单的语言表达内心的想法，而成年人却对如何表达自己的情感和愿望感到迷茫。

这促使我开始思考一些问题：为什么有的人能够清晰地表达内心的想法，而另一些人却迷失在自己心灵的黑箱中？为什么有的人在挫折面前坚韧不拔，而另一些人却在不断内耗？为什么有的人在关键时刻沉着冷静，另一些人却总会把事情搞砸？为什么有的人在爱情中游刃有余，另一些人却陷入无尽的痛苦？

举例来说，也许我们身边的某位朋友总是不知道自己想要什么，每天在工作之余都花费大量时间去学习，不过，他常常是看到网络博主推荐什么就学什么，学习的内容总在变化，因此，虽然他很勤奋，但给人的感觉并不是涉猎广泛，而更像是找不到方向。时不时地，他又觉得自己年纪不小了，也许应该把精力花在恋爱上，但是，相亲几次后，他又觉得自己还是应该先考研究生。他不知道自己到底应该把有限的时间花在什么事上，非常困惑。

　　再比如，我们的某位同事总是觉得自己是对的，这种盲目自信有时会耽误工作，因为他总是没办法在别人提醒他，问题开始出现苗头时，就及时发现问题，而是需要等明显的问题出现后，再去补救。

　　我们还有某位朋友，在与人交往时似乎总担心自己被人欺负，所以他常常保持警惕，对别人的评价异常敏感。熟悉他的朋友能够了解他本人并没有太多恶意，但他说话生硬，常常话里带刺，让不熟悉他的人对他颇有意见。

　　上述例子中的主人公，常常被人认为不成熟、为人处事不圆滑、不会社交，甚至被认为有性格缺陷。所以他们常被建议学习各种社交技巧，或者学着成熟起来。

　　然而，这些评价都没有抓到重点。在我看来，这些笼统的评价并不能真正帮助他们，造成他们陷入困境的关键是缺乏心智化能力，通俗地说就是他们缺乏对自己和他人的内在世界的理解能力。而这使他们无论是在做关于自己的关键决定时，还是在与他人打交道时，总是处处碰壁。

　　心智化这个概念源于依恋理论，在一般人眼里它或许有些生僻和深奥，但事实上，它涉及的内容却和我们的生活息息相关，它是我们理解自己和他人行为的关键，是每个人行走江湖的通关武器。它不仅关系到我们与世界的互动，更关乎我们内心世界的平静与愉悦，没有心智化能力，就如同前行中丢失了地图。

人的内心世界看上去深不可测，但从另一个角度来说，当我们掌握了"心智化"这把钥匙后，它就不再是完全不可破解的谜团。"心智化"这把钥匙，既可以使你通往更深层次的自我认识，也可以帮助你走进他人的世界，建立良好的人际关系。

作为一种能力，在有针对性地进行练习后，心智化能力是可以得到提高的。前面例子中提到的那几位人士，如果他们有机会提高自己的心智化能力，他们的人生走向将大不相同。

在这本书中，我将用大量的例子来演示如何用"心智化"这把钥匙来解读人们行动背后的密码。我希望这本书不仅是理论和知识的传递，更能为你提供实用的练习方法，帮助你提高心智化能力。

你将了解升级心智的三大口诀，它们是我多年实践的结晶，记住它们，你就掌握了提高心智化能力的要领。

此外，通过本书，你还将学习到如何将心智化理论运用到日常生活中，如何在亲密关系中建立更深的连接，如何在职场上取得更大的成功，如何在一般人际关系中更加得心应手。我们也将一同探讨如何培养协调的自我，如何使内心更加清晰。希望这些内容可以帮助你更好地与自己和世界相处。

同样重要的是，我在本书中设置了13间"健心房"，在那里，我们将一起进行心智训练，帮助你将知识转化为实践，锻炼你的心智化"肌肉"，使之更加灵活和坚韧，让你在未来更好地应对生活中的起伏和变化，获得更多的心理自由。你可以在阅读本书的过程中穿插着做这些练习，在阅读结束后，你依然可以继续坚持这些练习，以提升和保持你的心智化能力。

　　期待你在阅读本书后，能够更深刻地认识自己，活出更加精彩的人生。

目录

第一章

获得良好人际关系的底层逻辑：让心智走向成熟

第一节　心智化：一种关键的"读心"能力　_3

心智化是理解心智世界的能力　_3

"聪明人"不一定是"明白人"　_5

心智总在后台运转　_8

心智升级　_12

第二节　等同：心智即现实　_15

柜子里有老虎　_15

内外世界的边界模糊　_17

自我与他人的边界模糊　_19

第三节　缺少内外世界间的桥梁：在两极横跳　_21

发展的必经阶段：内外世界截然分开　_21

思考与现实脱节 _23

在有洞察力和无法理解的两极横跳 _25

第四节 拒绝思考：对内在世界不关心 _28

只关心外在因素 _28

四铭先生的隐蔽狂想 _29

所谓的神经大条 _31

第五节 成熟版本：我似乎明白他为什么那么做 _33

不理解才是常态 _33

保持怀疑，但不被怀疑所淹没 _35

不必过度警觉 _36

第二章

成熟的心智化能力从何而来

第一节 以心育心 _41

心灵渴望心灵 _41

数字时代的挑战 _43

第二节 代际传递 _45

父母被他人装进心里的经历 _45

能否把别人装进心里，并不取决于受教育程度 _46

突破传承模式，革新心智 _47

第三节　依恋类型　_48

四种依恋类型，你的社交模式是什么　_48

打垮一个人的，不是负面感受，而是负面感受从未

被镜子映射　_50

依恋类型影响镜子的"折射率"　_52

第四节　情感养育　_54

被忽视的情感养育　_54

情感养育和物质养育同样重要　_56

第五节　互动的真实性　_58

真实生命与虚拟生命不同　_58

不要因为怕出错而抑制真实感受　_61

第三章

三大口诀：让关系变好的三句神奇语言

第一节　一个沟通断裂的例子：人际互动的心智化

解析　_67

亲密背后的误解　_67

解析人际互动链　_68

升级心智的三大口诀　_71

第二节 **口诀一：暂停、跳出，思考对方怎么了 /**

我怎么了 _73

掌握"暂停键"，改变互动方式 _73

原理：行动背后必然有一个完整的心理状态 _74

快速反应下的"沟通"只是一场独角戏 _75

在心里创建"暂停键"，关键时按下它 _77

进阶应用：发起交流时也需要暂停 _80

健心房 1：口诀一的思考题 _83

第三节 **口诀二：别人不懂我，这才是正常的** _86

信息的传达往往不像自己想象中那么清晰 _86

原理：心智并不透明 _87

"不能完全理解"是心灵的一项事实 _89

"别人一定懂我"的信奉者们 _92

健心房 2：口诀二的思考题 _94

第四节 **口诀三：把"肯定"换成"可能"** _97

突破绝对化的思维壁垒 _97

原理：事物有多种可能性 _98

绝对化的判断来自我们所持有的"心理地图" _100

"心理地图"，成也萧何败也萧何 _102

开放和多元视角，变"肯定"为"可能" _103

健心房 3：口诀三的思考题 _105

第四章

心智训练：获得更满意的生活

第一节　**亲密关系更贴心**　_111

应用场合一：选择爱的对象　_111

健心房 4：找出一处未知　_118

应用场合二：爱的接收　_120

健心房 5：识别"心理地图"的练习　_132

应用场合三：爱的表达　_135

健心房 6：反思练习：说出我爱你　_152

第二节　**职场上更成功**　_155

应用场合一：沟通　_155

健心房 7：理解行为反应模式　_166

应用场合二：解决问题时　_168

健心房 8：多角度思维锻炼　_177

第三节　**一般人际关系更顺利**　_179

应用场合一：给予时　_179

健心房 9：健脑行动　_190

应用场合二：有需要时　_193

健心房 10：了解自己的困难　_203

应用场合三：发生矛盾时　_205

专栏：心理状态和人际关系对心智化能力的
影响　_214

健心房 11：安全空间　_216

第五章

心智训练：获得内心成长

第一节　**更协调的自我**　_221

打内战的自我　_221

统一起来，共同打怪　_234

健心房 12：正念练习　_236

第二节　**更清晰的自我**　_238

模糊的自我　_238

更清晰的自我，对自我忠诚　_248

健心房 13：对自己好奇　_250

后记　故事还在继续……　_253

第一章

获得良好人际关系的底层逻辑：让心智走向成熟

01

第一节 心智化：一种关键的"读心"能力

▶ 心智化是理解心智世界的能力

当我们细心观察周围的人时，我们会注意到这样的现象：一些人似乎能够深刻理解行动背后隐藏的丰富内涵，而另一些人则似乎只注重行动本身，鲜少顾及行动背后的思考和情感。那么，究竟是什么造成了人与人之间如此显著的差异呢？

自 20 世纪 80 年代开始，英国著名精神分析师、伦敦大学学院心理和语言科学系主任彼得·福纳吉教授开始探究这个问题。通过他与包括神经科学家在内的众多同行的合作，他发现，这种差异源于一种关键的能力，即理解行动背后的心智世界的能力。福纳吉教授使用"心智化"（mentalization 或 mentalizing）这个术语来描述这种能力。如今，在心理学的许多分支学科中，心智化的重要性正受到专业人士的广泛关注和深入研究。

然而，心智化这个术语有点复杂，因为我们会在两个不同的层面上使用它。有时，我们指的是一种能力，有时则指的是一种心理过程，例如，我们可以说："我正在对你进行心智化。"在第一个层面上，心智化 ① 是指理解心智世界的能力，在第二个层面上，心智化是指去理解心智世界。

去理解事物，也就是说，为事物赋予意义，这是人类的普遍需要，即使是幼小的婴儿也会试着去理解妈妈的表情和自己的体验。我认为，只要我们是试着从心智的角度去理解事物的运作逻辑和人的行动，我们就是在发挥自己的心智化能力，在进行心智化。**不过，进行心智化，并不仅仅是利用大脑去分析事物和行动，而是在我们的心里能够装进被心智化的那个人，我们知道在那个人的行动背后，有一个完整的心智世界，这包含想法、感受、需要、渴望、目标、信念、行动的原因等（见图1-1）。**

---

① 在本书后文中，为了区分心智化的两种含义，我将用"心智化能力"指代理解心智世界的能力。

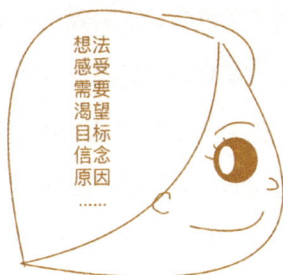

想法
感受
需要
渴望
目标
信念
原因
……

图 1-1　人的心智世界涉及的维度

▶ "聪明人"不一定是"明白人"

我们常说，"宁跟明白人吵架，不跟糊涂人说话"。这里的"明白人"和"糊涂人"可以看作心智化能力好的人和心智化能力差的人。

但我们可不能把"明白人"等同为"聪明人"，即智力水平高的人。虽然我们约定俗成地把 mentalization 或 mentalizing 翻译成"心智化"，把 mind 翻译成"心智"（有时也会使用心灵、头脑等词汇），但其实它们跟"智力""智慧"并不相同。

为什么这么说呢？为了更好地理解，让我们看看以下两个例子。

假设一个五岁的小朋友看到妈妈在抹眼泪，他问妈妈："妈妈你怎么哭了？你是伤心了吗？是因为我惹你不开心了吗？"

我们可以看到，他观察到了妈妈的行动（流泪），他想要理解妈妈怎么了，并且，他正在努力从心智的角度去理解妈妈。他知道妈妈有内在的心智世界，流泪是由妈妈的某种感受带来的。而且，他知道这种感受的出现是有原因的，他也在试图猜测原因是不是跟自己相关。所以虽然他很年幼，算不上拥有大智慧，但他知道行动并不仅仅是行动本身，行动的背后有丰富的心理意义。

我们再来比较一下智力超群的谢尔顿博士（美剧《生活大爆炸》的主角之一）。谢尔顿在半夜溜进女邻居家里去整理房间。第二天早上，邻居女孩震惊并且愤怒地来要回备用钥匙，并且对谢尔顿及他的室友莱纳德说："你们知道那有多可怕吗！在我睡觉的时候……"谢尔顿马上接了一句："并且打鼾。"他的意思是，女孩当时在睡觉并且打鼾。看到女孩困惑的表情（谢尔顿观察到了女孩的行动），谢尔顿的反应是："你可能鼻窦感染了，但也可能是睡眠呼吸暂停综合征，你大概需要去看耳鼻喉专家。"此时女孩的表情反映出，她简直无法相信有人会这样回应，所以她震惊得下巴都要掉下来了。然而对此（谢尔顿又观察到了女孩的表情），谢尔顿的反应是："我的意思是看喉咙的医生。"他以为女孩的表情是因为听不懂"耳鼻喉专家"这个术语呢。所以你看，谢尔顿博士能够接收到对方的行动，但却很难心智化地去理解在那些行动（表情、姿态）背后，别人到底有怎样的内心世界。之后，女孩超级愤怒地逼近谢尔顿，语气强硬地说："哪类医生能把鞋子从屁股上取下来？"她的语气提示我们，她是在表达愤怒，威胁要狠狠地踢谢尔顿的屁股。而谢尔顿仍然只听到了字面上的意思，他就事论事地回答女孩："可能是肛肠科医生，或者普外科医生。"

在智力层面上，拥有超凡智商的谢尔顿博士无疑远远高于那个普通的五岁小朋友。他们掌握的知识量也根本不能相提并论。但面对上述这两段故事里的主人公时，你更愿意和谁交谈呢？从谁那里你更能感到被理解？和谁的对话会让你感到很尴尬或郁闷？

当然，谢尔顿也很可爱，我本人也很喜欢这个角色；然而，在谈到心智化这个维度时，他的能力的确不高。谢尔顿是个"聪明人"，却不是"明白人"。很多时候谢尔顿并不关心他人的内心世界，有时候，他会试图用演算物理命题的方式推导他人的内心，他的推导虽然看起来"科学"，但却显得过于机械，缺少了鲜活的人性。心智化能力是一种很具有人情味的能力，它不是科学运算，进行心智化必须带有情感。没有情感的纯理性推导不是真正的心智化。

因此，"明白人"在理解别人的行动时，会像图 1-1 所示的那样，将对方当作一个整体，放在自己的心里去理解，对他们来说，别人首先是一个人，然后才涉及心智里面的想法、感受等维度。**"明白人"不会把人分割成一个个维度、不带感情地去分析。**

当我们跟心智化能力不够好的人对话时，哪怕他们有极出色的个人能力和才华，哪怕他们本心也十分善良（就像谢尔顿也是出于善意建议邻居去看医生），但和他们沟通仍然可能很困难，甚至让人感到对话进行不下去。因此，这些心智化能力上的"糊涂人"，在人际交往中时常陷入困境。此外，现代社会的工作往往需要合作，即便是如谢尔顿博士那样的理论物理学家，也无法完全单打独斗，所以，他们也有可能因为人际关系而遭遇事业上的瓶颈。

而和心智化能力好的人们互动，也并非不会遇到冲突，但是，当遇到冲突的时候，更容易进行沟通和获得彼此的理解。这就是我们说的"宁跟明白人吵架"。

▶ 心智总在后台运转

每当有事件发生并被我们察觉到时，我们的心智（mind）总是飞速运转。

发生了什么？怎么会这样？我对此有什么感觉？我该怎样应

对？我需要让自己无视它吗？

这些是我们基本的心理活动，接下来我们对事件采取怎样的行动，是基于这些心理活动而做出的。不过，这些飞速运转的内在心理活动不一定会被我们意识到。它们就像在电脑后台运转的基本系统程序，默默地维持着电脑的正常运行。

也就是说，在我们行动的背后，总是伴随着一整套心智活动。行动在前台被展示，心智在后台运转。我在前面已经谈到过（见图1-1），人的心智世界包括想法、感受、需要、渴望、目标、信念、行动的原因等维度。如果我们的心智和行动都有体积，那么，看不见摸不着的心智，比我们看得到的行动要庞大得多。

心智虽然没办法被我们直接看到，但有时候，展现出来的行动可以反映心智的状态，例如当我们说："这件事肯定让我太生气了，所以我手心都攥出汗了。"通过手心出汗，我们内在的愤怒感受被反映出来。有时候，我们在事件发生的当下无法立即发现心智状态，但在事后的反思中能够发现它，例如："回过头想想，我刚才手心出汗，其实是因为我太生气了。"但也有一些时候，我们可能会选择忽视心智，例如："我毫无理由地手心出汗了，肯定是我体虚。"在这种情况下，我们没能把手心出汗和内在心智世界联系起来，而是将其归结于身体原因。

当我们试图从心智的角度去理解事物时，我们就是在进行心智化。在这个过程中，我们努力理解自己和他人的行动，尝试揭示这背后的内在动机、情感和信念等。如果一个人总是不能正确理解别人的行动和感受，那么显然，他的人际关系会频繁出现矛盾。例如前面提到的例子，谢尔顿博士不能理解邻居的恐惧和愤怒，并且他把对方的震惊错误地解读为听不懂医学术语等，这都使得他的邻居更加愤怒。再举个例子，如果我们的某个朋友总是在人际互动中把自己理解为受害者，因此他总是在抱怨，永远把别人没有及时回复他的信息当作故意的，可想而知，他的人际关系一定会遇到问题，甚至在未来，我们和他的沟通也可能会遇到极大困难。

　　因此，我认为，人际互动的底层逻辑就是心智化能力。不管我们有没有觉察到，我们的心智化能力是任何交往的基石，在人际互动中，我们的心智在不断试图解释他人的行动。

　　我们对他人行动的解释往往是迅速的，同时也能迅速唤起我们的特定感受，引发我们做出相应的反应。在互动的过程中，我们的反应又会让对方的心智迅速响应，引发对方一系列的心智活动。人与人之间的相互影响就这样像链条一样联系在一起。心智化能力在其中扮演着促使我们理解、感受和反应的关键角色。

　　我在本书中还会继续使用链条这个比喻来解释一些事例，我把这个链条命名为"人际互动链"。为了让我们更加明晰心智活动的运作，我将它拆解成了以下六个环节（见图1-2）。

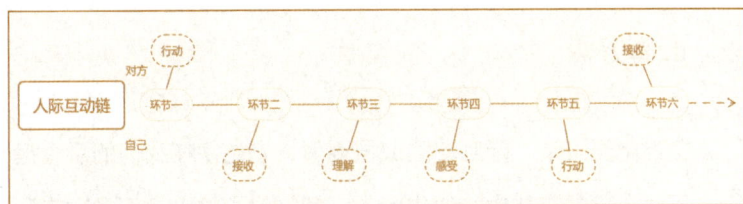

图1-2　人际互动链

环节一：（对方的）行动。

环节二：接收，我接收到的对方的行动是什么。

环节三：理解，我如何推测对方行动背后的心智，包括对方的思维、动机、感受、愿望等。

环节四：感受，我的某些感受被唤起。

环节五：（我的）行动，我被激发而做出的行动。

环节六：接收，对方接收到的我的行动是什么。

……

这条人际互动链是高速运转的。有时，我们在互动的当下就能觉察到其中的一些环节，有时，需要我们在过后复盘时，才能反思到一些环节。在这条人际互动链中，除了"行动"外，其他环节大多是无法直接观察到的，是我们在后台运转的内在心智。如果互动的双方有良好的心智化能力，就更容易相互理解，人际互动链就能更顺畅地继续下去。

▶ 心智升级

　　心智化能力是人际互动的底层逻辑，它始终在我们的后台运行。虽然在日常交往中，偶尔因为心智化能力的不足而导致人际间的困扰是无伤大雅的，但如果这种情况发生得频繁，尤其是在关键场合，例如与领导进行重要的谈话时，或是家人好友需要安慰时，那就可能带来严重的后果，甚至导致关系破裂。

　　让我们一起来看下面这个例子。

　　小苏在工作上非常有能力，他对自己的工作内容很擅长，并且总结出了一套独特的管理办法——使用几种不太常见的软件来管理项目，配合使用这几种软件，他可以细致地监控各个项目的具体进度。这套方法获得了领导的赞赏。但在实际操作中，问题却出现了。因为他要求所有的项目合作者（包括其他部门的人员）都下载、使用这些软件，并及时更新进度。当其他人没有及时更新时，小苏变得非常愤怒，因为他确信这套方法非常高效，但如果不是所有人都及时更新的话，这种高效的方法就会难以发挥作用。显然，小苏没有察觉到其他人拖延的原因，而是更加强硬地推行他这套方法，要求其他人都必须遵循。

小苏也非常热情地向其他项目的同事推荐这套方法，希望他们也能像他一样高效。然而，当其他同事表示"好吧，我以后试试看"时，小苏并不能理解同事只是在礼貌性地回应。他把同事的话理解为承诺。所以当一个月过去了，其他同事还没有开始使用这套方法时，小苏感到非常恼火，甚至认为其他人欺骗了他。

小苏不太能够理解别人语言背后的弦外之音，因为他几乎没有想过，其他人有和他不同的内心世界。他无法想象每个人的想法有差异，别人也有他们习惯的做事方法。因此，尽管小苏的工作能力确实很强，他管理项目的方法也确实很高效（虽然不是唯一的高效方法），但他和同事间的合作却弄得很不愉快。在他的强硬推行下，其他项目合作者被迫按照他的要求做事，但大家都觉得不太舒服，今后也不想再加入小苏牵头的项目了。甚至有很多同事私下里向领导投诉了小苏。

小苏对他的工作足够胜任，他充满热情，勤奋努力，积极进取，没有害人之心，然而，他在职场上却已是危机四伏。像小苏这样的人，在我们的生活中可能也很常见，甚至我们自己也可能曾经有过类似的经历。然而，如果仅仅将他们笼统地描述为"人际关系差""不擅长维护关系""缺乏沟通技巧"，甚至是"怀才不遇",我认为都未能触及问题的本质。事实上,他们在职场几乎已经具备了成功所需的一切条件,唯独欠缺的是成熟的心智化能力。

如果他们能够"升级"自己的心智化能力,就可能在生活和事业中获得更大的成功。

心智的升级不像软件升级那样,用新的版本替换掉旧的版本,而更像我们在角色扮演类游戏里经历的升级。在游戏中,当我们达到 99 级时,我们获得了只有 99 级高手才能使用的特技,但我们并不会失去之前低级别的特技使用能力。心智化能力也是如此,随着我们的发展,我们拥有了更加成熟的心智化版本,但并不会丢弃或覆盖掉不成熟的版本。所以,一个人或许在多数时候心智化能力良好,但在特殊情境下——例如糟糕的情绪、遭遇意外、受酒精或药物的影响等——也可能会退回去,启用不成熟的心智化版本。

接下来,就让我们一起来看看有关心智化能力的四个主要版本。

1. 最不成熟的版本:等同。

2. 走向成熟的版本一:缺少内外世界间的桥梁。

3. 走向成熟的版本二:拒绝思考。

4. 成熟版本的心智化能力。

第二节 等同：心智即现实

▶ 柜子里有老虎

著名精神分析师克里斯托弗·博拉斯曾在某次演讲中举了一个生动的例子。在他小时候，有那么一段时间，他的弟弟非常害怕他们卧室里的一个柜子，总是哭着说那里有老虎，无论家人怎么解释都无济于事，弟弟就认定了那里有老虎。就在全家人一筹莫展的时候，某天，博拉斯的爸爸突然冲进了兄弟俩的卧室，手持猎枪，问小儿子："快告诉我，老虎在哪儿？是在这个柜子里吗？就是这里，对吗？"然后他用枪对着柜子，嘴里模仿枪声，发出一阵突突突的声音。之后老爸很潇洒地对儿子说："行了，老虎被我干掉了，以后没事了。"从那之后，博拉斯的弟弟就再也不害怕柜子里有老虎了。幽默的博拉斯补充说："但换成我开始害怕了。"

年幼的孩子很难区分幻想（心智世界的产物）和现实。在年幼孩子的体验里，在他们心智内部发生的某种想象及外部现实世界发生的某个事件，二者是相等同的。换句话说，在他们看来，心智世界＝现实世界。

博拉斯的弟弟正处在内外世界相等同的阶段，所以无论别人怎么劝说，告诉他"柜子里的老虎只是你的想象、实际上并没有老虎"，都没有用。因为在他的体验里，"我觉得那里有老虎"，就等于"那里实实在在地有老虎"。这也就是为什么，对于处在内外世界等同状态的人来说——不管是年幼的孩子还是重新掉入这个心智化版本的成年人——无论我们怎么试图安慰"没事的，你别害怕"都没有用。**因为他们的体验太真实了，他们就是切切实实地害怕。**

遇到这样的人时，人们常会说："哎呀，我真想把他摇醒，让他好好看看，现实不是他想象的那样！"但这种表达方式恰恰说明了我们对此多么无力。因为他们可不觉得那是想象出来的，对他们来说，那就是现实，他们看到的现实就是柜子里有老虎。所以如果我们试图摇醒他们，结果通常只能让他们感到不被理解，甚至因此感觉更糟糕。

博拉斯的爸爸看起来具有出色的心智化能力，他准确地判断了小儿子的心智水平，能够接收到儿子的"恐惧"这种行动（人际互动链的环节二），理解儿子行动背后的内部心理状态（环节三）。在环节五"自己的行动"这里，他没有否定儿子的感受和想象，而是用符合儿子心智水平的方式，创造性地做出行动。他没有试图让儿子提高心智水平，摆脱想象，而是加入儿子的想象里。

事实上，我们的心智化水平没法靠拔苗助长来提高。反倒像博拉斯的爸爸那样，愿意把自己降低到符合孩子心智水平的位置上，以恰好高明一点的方式来解决问题，这样博拉斯的弟弟才能发展到那个恰好高明一点的心智水平。

▶ 内外世界的边界模糊

年幼的孩子难以区分内外世界的边界是正常的，成年人再这样是否就不正常了呢？

倒也不是，成年人在某些情况下也可能经历精神恍惚，导致其内在心智世界和外在现实世界的边界模糊不清。

如果你每天都做梦的话，你可能每天都会经历一小段混淆内外世界的时刻。特别是那种很生动的梦，在梦里，你体验到强烈的情感，你沉浸在梦境的内容里，一切都那么真实。当你模模糊糊地慢慢醒来时，往往需要缓缓神，需要一些时间才能重新定位自己，逐渐区分梦境和现实。

但假如一个人从梦中醒来好久了，还依然沉浸在梦中的情绪里，对梦里出现的事耿耿于怀，那么我们就可以判断，这个人即使在清醒的状态下，他的内外世界的边界也容易模糊。例如，小吴梦到同事抢走了他最想吃的蛋糕，早上醒来后他的愤怒也久久不能平息，甚至在上班时看到同事还很气愤，恨不得去揍他一顿。从梦中醒来到上班，中间隔了足够长的时间，但小吴还是把梦境里发生的事和现实情境联系在了一起，因此，我们看到，他的内外世界的边界很模糊。看来，他习惯于使用这种不成熟的心智化版本，把自己的想法、感受、信念等和外部现实等同看待。

主要使用这种心智化版本的成年人，会认为自己的想法和感受，跟外在现实是一致的。例如，当他们觉得朋友对自己有成见时，他们确信事实肯定就是那样的。如果一个人坚信别人对自己有成见，他可以从外界现实中"找到"很多蛛丝马迹，因为，一方面，人与人之间必然有冲突，他可以选择性地忽视朋友对他的欣赏，而就像有一张过滤网似的，筛选出朋友对他有成见的信息；另一方面，他也会由于自己的坚信，把朋友中性的举动（人际互动链的环节一）理解（环节三）为有成见的行为。

尤其是当强烈的感受被唤起时（环节四），例如羞耻、担心被抛弃等，就更容易让他们完全陷入这个心智化版本。无论朋友采取什么行动，怎样试图解释，都难以改变他们的信念，他们会认为朋友的所有言行都说明对自己有成见。

在这种情况下，自己的想法和感受与外在现实完全等同了，自己的理解方式成了唯一正确的理解方式。此时，人们没有余力去思考其他可能性。所以看起来，他们非常顽固，不愿意接受外部现实的信息。这就像博拉斯的弟弟不愿意、并且无法接受现实的柜子里没有老虎一样，因为他们的内部体验对他们来说是如此真实，以至于难以和客观现实区分开。

▶ 自我与他人的边界模糊

边界的模糊不仅体现在内外世界的边界上，也体现在自我和他人的边界上。当人们陷入这种心智化版本时，也往往容易将自己和他人混为一谈，他们倾向于认为自己的心智等同于他人的心智，他人的思维、感受、目的、需要都跟自己的一样。

我们最耳熟能详的例子就是——有一种冷，叫你妈觉得你冷。从心智化的角度来看，这句话有这样的内在逻辑：

"我认为你冷，所以你肯定冷"（我坚信我体会到了你的感觉）；

"你不知道自己冷，我知道，我比你更清楚你冷"（我比你更了解你自己）；

或者，"我都冷了，你怎么可能不冷"（我自己对寒冷的感受就是唯一标准）。

在这些情况下，两个人之间的边界被模糊了，没有任何一个人是独立的个体。这相当于两个人必须保持一致，人与人之间的差异被否认了。

还记得在第一节中，工作能力出色但却面临职场危机的小苏吗？他认为自己觉得高效的项目管理方法，也必然是放之四海而皆准的，他认为同事们都应该觉得这种方法最高效，所以，他热情地想让同事们都用这种方法来工作，希望大家能一起变得更好。尽管他的本心是善意的，但同事们实际的感觉却是不堪其扰。因为他在那时的心智化版本就是"等同"，他认为对自己合适的方法，一定对所有人都合适，他从来没想过别人可能会不喜欢这个方法。所以，他怎么也想不通，为什么同事们不肯使用这么完美的方法。也许最后苦思冥想的结果会是，"他们一定是故意跟我对着干！"这就好像你妈觉得你冷，你还坚决不肯多穿衣服，这样的举动很可能并不会让你妈承认你确实不冷，而是会让她火冒三丈，觉得你在故意对着干。

我希望以上所说的不会造成你的误解，以为我们完全不能通过自己的感受去理解他人。实际上，通过自己的感受去理解他人是我们人际交往中最基本的方式，如果不会推己及人，也许我们永远都没办法和他人有任何的相互理解。作为人类，我们的感受是非常重要的工具。通过它们，我们能够去体验、推测其他人的心智世界。换句话说，我们通过自己的感受来对他人进行心智化。

那么升级的、成熟的心智化版本和这种不成熟的心智化版本之间的区别到底是什么呢？关键点在于"等同"这个词。也就是说，你是否能意识到，我是在用我的感受去推测对方的感受，而不是将自己的感受直接等同于对方的感受。

如果"小苏们"和"老妈们"能够调整自己的状态，发自内心地把语言表达方式改变为："这种方法对我很适用，说不定对你也很适用""我觉得冷，没准你也觉得冷"，那么，他们的心智化水平就升级了。

第三节 缺少内外世界间的桥梁：在两极横跳

▶ 发展的必经阶段：内外世界截然分开

在博拉斯讲述的童年回忆里，同样有趣的是他补充的那句"但换成我开始害怕了"。年纪大一些的博拉斯能够明白弟弟说的老虎只是一种想象，但他的心智也才升级到新版本不久，还不稳定。所以当看到爸爸的一番操作后，年幼的博拉斯一时又搞不明白老爸其实是在做戏了。

随着年龄和思维的发展，年幼的小朋友逐渐可以摆脱心智和外在世界完全等同的状态，升级到一个"可以假装"的版本。在这个升级版本里，孩子可以假装柜子里有老虎，但他们的"可以

假装"有一个必要的前提：想象的世界和现实的世界必须清楚地
分隔开。

不知道你是否有过类似的体验：一个五六岁的孩子跟你说：
"咱们来玩奥特曼游戏吧，我当奥特曼，你来当怪兽。"你答应
了，并且立即就进入角色，开始扮演起怪兽来。结果，没想到孩
子却马上制止了你，说："还没开始呢！我说'1、2、3'才能
开始！"

这个孩子就处于这种心智化版本里。他的幻想世界必须和客
观世界截然分开，就像导演拍戏一样，必须有"开机"的信号，
才能切换到想象里。

**在这种心智化版本里，人没办法在想象和现实的世界里灵活
穿梭**。换句话说，内外世界之间还不能架起桥梁，否则就乱套
了。博拉斯的爸爸显然处在更成熟的心智化状态，他知道自己正
在演戏，并且可以把戏做足，也不需要大喊"开机"之后才进入
状态。但这对处于"缺少内外世界间桥梁"状态的博拉斯来说，
理解起来就困难了。他原本知道现实（柜子）中没有老虎，那只
不过是弟弟想象出来的，但是，由于爸爸没有喊"开机"就活灵
活现地"相信"有老虎并打死老虎，这就把博拉斯的心智搞乱
了：那么，搞不好真的有老虎？爸爸的想象"污染"了博拉斯努
力区分出来的现实。

不喊"开机"就不能开始想象，反过来说，喊了"开机"，就不能再把现实的成分掺杂到想象里了，否则这部戏就"穿帮"了。这就是为什么，如果在跟那个孩子玩奥特曼的游戏时，你把现实元素编织进去，例如把孩子真实的名字编织进故事里，孩子会停下游戏，严肃地提醒你："咱们在玩呢，是假的！"这就像我们看古装剧时看到穿帮镜头会一秒钟出戏一样，一旦有一部分现实不小心进入了想象的世界，想象就继续不下去了。

所以你看，在这种心智化版本里，想象力的确很丰富，但也很脆弱。这的确有趣，但又带有强烈的机械色彩，得严肃认真地喊个"开机"才行。

▶ 思考与现实脱节

在成年人当中，有些人也常使用缺少内外世界间桥梁的心智化版本。不过，像小孩子那样在想象中扮演大英雄倒不常见，也许这也挺令人沮丧的，我们成年人的心智世界，远不如小孩子那么想象力丰富和有趣。

我们这些相对无趣和严肃的成年人在试图心智化他人的时候，"缺少内外世界间桥梁"的常见表现形式是思考和现实情境严重脱节。

因为对方的心智是没办法直接观察到的，所以去心智化对方，势必需要我们进行思考、推测和想象。"缺少桥梁"的人，不会像"等同"的人一样，直接把自己主观的看法套用在其他人身上。"缺少桥梁"的成年人往往倾向于用客观、理性、科学的工具去解读对方的行动。他们所使用的工具常常是"教科书"，在当今的时代，所谓的教科书往往被公众号文章或短视频所取代，他们根据这些资源中的建议来分析他人的行动，并且学习相应的策略和技术，以此为准则来与他人互动。

但事实上，每个人都是那么独特而与众不同，甚至同一个人也拥有许多复杂的面向。当然，我同意科普工作者需要将人或人的行为进行分类，以便输出鲜明的观点，帮助人们更快地了解科学理念。分类有其益处，它可以减轻认知负担，使人们能够更迅速地处理类似事件。然而，那些分类，只能作为指导原则，而不能替代复杂、多样且真实的人类互动，否则，生活就会变得单调乏味，失去活力。

如果我们只是照本宣科地去理解他人并做出回应，那么我们其实是处于"可以假装"的状态，我们在假装和别人互动，却没有真正投入互动之中。在这种情况下，我们与他人的现实世界脱节，而且，事实上也与自己的真正情感体验脱节，即与自己的内在现实也脱节了。

儿童扮演大英雄时是真心的，他们真的很崇拜大英雄，想要像他们一样行动，拯救世界，这个发心绝对是值得尊重和欣赏的。不过，仅仅是这样去扮演，不足以让他们真正地成为大英雄。与之相同的是，当成年人以上述方式假装与人互动，扮演一个能够理解对方的人时，他们的发心也是值得尊重和欣赏的。他们需要的是，心智化能力的升级，以便跨越这种缺少桥梁的脱节状态，真正成为他们想要成为的、能够理解他人的人。

▶ 在有洞察力和无法理解的两极横跳

如果心智化能力无法升级，那么，那些依然使用本节所提及的这种心智化版本的人可能会给人留下以下印象：在与他们接触不久，了解还不够深入的时候，你会觉得他们十分愿意理解他人，很努力地对人际关系做出反思（他们确实非常努力！），而且似乎经常能说出很有洞察力的话。你可能会很喜欢跟他们相处，甚至想向他们学习。然而，由于他们对事物的理解，是源于闭门造车式的孤立思考，与现实世界脱节，因此，一旦与他们深入交往就会让人觉得乏味。有时你可能也说不清为什么与他们相处让你感到烦躁。

艾米的情况正是如此。她付出了极大的努力，阅读了许多文章和书籍,学习如何与人相处。当她看到朋友心烦意乱时(人际互动链的环节二,接收),她会根据自己学过的知识,去分析朋友发生了什么(环节三,理解)。在情境相对简单的情况下,这种照本宣科式的分析很有可能会猜对。然后,她会运用学到的方法来回应对方(环节五,行动),例如,她会想到自己学过的:"当别人遇到 AAA 的时候,你应该说 BBB"。艾米套用的这些句式是由专业人士精心提炼的,所以句式本身没有问题,很有共情力,也经过科学验证,能够为人提供支持。

然而,问题出在环节四(感受):艾米并不能真正感同身受地理解对方。当我建议她暂时放下客观分析,问问自己如何理解朋友的心情低落时,艾米脱口而出的却是:"我不能理解啊,我根本不理解为什么那样一件小事要纠结那么久。"这才是她真实的内在世界。但是,艾米能够回忆起书上说每个人的感受各不相同,因此,她知道自己应该去理解朋友,她也按照自己学过的方法来表现出似乎很理解的样子。

所以,在与他人互动时,艾米其实和现实体验是脱节的,她只是在扮演一个表面上很理解对方的角色——当然,她并没有意识到自己在扮演。在这种情况下,对方也不再是一个真实的人,而只是她根据所学知识推理出的一个符号性存在。

我仍然要强调的是,艾米的做法是出于善意的,她渴望成为善解人意的人。只是由于能力不足，她才只能去扮演。是哪种能力不足呢？是心智化能力。这是我一再强调升级心智化能力的原因。因为，**更多停留在这种心智化版本的人，尽管本心善良，也在不懈努力，但他们的人际关系却往往无法像他们期待的那样顺畅**。这实在令人遗憾。

在与人发生冲突的时候，他们要么就像艾米刚刚的表现一样，割裂开真实的情感体验，用纯粹的思维进行推理，最终给出客观、似乎有洞察力的结论；要么，如果他们被激发出非常强烈的情绪，也就是说，没有办法把真实的情感割裂出去，那么，他们的思维方式就会死机，失去了在环节三（理解）中的推理分析能力，在这种情况下，他们会表现出完全无法理解发生了什么。

所以，和这一类型的人相处，刚开始你可能会觉得他们非常善解人意，很愿意跟他们交朋友，但逐渐，由于相处中缺少真实的情感互动，你可能会觉得说不清为什么，但就是觉得和他们在一起很累、烦躁、乏味。

而艾米他们自己也会觉得很困惑、很委屈：明明我这么努力地维持人际关系，为他人付出了这么多，可为什么他们莫名其妙地就不愿意理我了呢？

第四节　拒绝思考：对内在世界不关心

▶ 只关心外在因素

还有一种较常见的不成熟的心智化版本，我们甚至可以把它叫作非心智化的。因为采用这个心智化版本的人的典型表现，就是对内在世界不关心。他们会忽视行动背后的心智，拒绝对心智世界做出思考。

那么他们认为人的行动背后有原因吗？这个问题不可一概而论，我们可以把他们区分为两类。

一类人好像"大大咧咧"的，根本不愿意去深究行动背后的原因，他们表现得漫不经心，对自己和他人的行为都不做深入思考，好像一切都是自然发生的。让我们过一会儿再来谈论他们。

另一类人虽然认为行为背后有原因，但倾向于把一切行动的原因外化，而心智化是试图探究人的内部世界的，因此，倾向于把一切原因外化为与心智化截然相反的状态，这是我们把这种状态叫作非心智化的原因。

这些非心智化状态下的人关注外部因素。不管是自己的还是他人的行动，他们都会将其归因为外在原因，这些原因包括身体因素或环境因素，甚至可能涉及某种命运的驱使。

例如，假设我失眠了，我们可以向内部世界去探究。

- 也许是因为这本书还没有写完，这太令我焦虑了（感受）。
- 我的焦虑来自我太希望这本书早日问世（渴望）。
- 我担心读者会不喜欢它（感受，想法）……

也可以归因到外部。

- 因为过于疲倦；因为更年期了；因为变胖了（身体）。
- 因为最近换了枕头；因为天气转凉了（环境）。
- 因为运气不好；因为我命当如此；我得去烧烧香（命运，神秘力量）。

向外归因并不一定都有问题，因为一个事件往往既有内因，也有外因，内外因素也常常相互交织在一起。**不过，当我们谈论心智化的时候，我们的侧重点是，一个人是否能够同时关注到内在的心智世界和外在的客观世界。**而我们现在谈论的这类人，往往很少关注内在因素，而过于强调外在因素。

▶ **四铭先生的隐蔽狂想**

鲁迅先生有一部有趣的短篇小说《肥皂》，故事的主人公就是这样一类非心智化的人。

故事一开始，主人公四铭先生突然买了一块肥皂回家，让太太用这个高级货洗澡。一块小小的肥皂看似不起眼，这却是四铭先生前所未有的举动。

随着故事情节的展开，所有人，无论是四铭太太、家里的其他人，还是我们读者，都很清楚地发现了四铭先生的真实动机。原来，四铭先生之所以买这块肥皂，是因为他当天遇到了一个在街边乞讨的女学生。其实，他是个假道学的士绅，其他旁观者随口说了一句，这女学生"只要去买两块肥皂来，咯吱咯吱遍身洗一洗，好得很哩！"，这就让四铭先生的内心升腾起了渴望。

然而，四铭先生对自己的渴望却一无所知。在无意识中，他把内在世界中的所有渴望和想象都浓缩在了买肥皂这个举动上。通过这个举动，我们这些观众已经清楚地观看到在他内心剧场中上演的狂想曲了，但四铭先生这位大导演却根本没意识到。他拒绝对自己的内心状态做任何思考，他坚持说，自己只是毫无理由地想起太太没有肥皂，所以买了块肥皂而已。

四铭先生忽视了自己内在世界的存在，把行动的原因外化，他认为自己行动的原因只是客观的外在事实——没有肥皂——而已。如果他的行动与别人说的"只要去买两块肥皂来"有任何关系的话，他也认为那完全是巧合（外在因素，相当于无法解释的神奇力量）。

这种非心智化的思考方式，导致了他与自己内在世界之间的断裂，也限制了他与他人相处的能力。所以，假设让四铭先生来思考太太为什么满脸怨气的话，他会怎么思考呢？

他当然不会觉得，太太是因为识破了他内心的渴望，并且对他假道学的样子很反感，所以才满脸怨气的。

由于忽视内在世界，四铭先生只能用外化的方式来理解太太的怨气：他可能会把原因归结到神秘力量上，例如该给老婆子驱驱邪了，也可能会归结到一些所谓客观的外在原因上，例如，她脾气大都是因为今天天气不好。或者，即便他觉得对方的行动与对方本人的状态有关，也不会归结到心理状态，而是归结到外在的身体原因上，例如，她准是因为饿了、低血糖了（假如四铭先生有相关知识储备），只要吃饱了，一切烦心事都不会再有了。

▶ 所谓的神经大条

我们本节还提到过一类人，仿佛他们总是大大咧咧的，任何事情都不愿意深究背后的原因。本质上，他们跟"四铭先生们"一样，都拒绝思考内在心智世界。

我们常形容这类人很神经大条，他们好像关注不到别人有什么感受、需求，或者做事有什么动机，同时好像对自己也不太了解。他们表现得像是生活在一种自动模式下，对内在的情感和需求缺乏敏感度。有时候他们的状态好像也挺令人羡慕的，因为他们活得挺简单，不拘小节，似乎不太会受到情感的困扰，不容易被生活中的紧张感或情绪的波动所干扰。

让我们来看看下面这个例子。

大飞是朋友中的迟到大王，这次朋友聚会他又迟到了。他乐呵呵地坐下，抓起桌上的一块点心放在嘴里，说："味道不错，谁的手艺？"等待已久的朋友们表示抗议："大哥，我们都等了你一个半小时了，你倒跟没事人似的。""哈哈，我又创造新纪录了啊！"大飞还是笑呵呵的，完全没体会到其他朋友的心情，"哎呀还是你们好，大气。我公司里那些同事就不行。迟个到嘛，多大点事啊。开会我晚了点，他们先讨论别的事不就行了吗？再说等一会儿又怎么了？又没有什么人命关天的要紧事。结果他们非说我影响他们的进度了。简直没法跟他们沟通。"朋友中有人敏感地听出大飞话里有话，问："怎么？你新去的公司难道又快待不下去了？""可不，没准又不行了，"大飞叹了口气，"我这人是空有一身本事，总是遇不到伯乐啊。"

所谓神经大条的人，有令人羡慕的一面，就像大飞，他似乎很容易保持乐观，即便迟到了，他也很淡定，只要他自己不焦虑，别人的不满就影响不到他。我们可以想象，在一些情境下，神经大条的人是有明显优势的，他们可能会更镇定地应对一些突发事件。如果朋友足够熟悉他们，并且可以适应、包容他们的行为方式，那么，这些神经大条的人也可以找到与朋友相处的合适方式。

但是，就像大飞的故事最后所暗示的，他们这种无所谓的态度也会为自己带来挑战。由于不关心自己的内在，也不关心他人的感受和需求，他们通常不太能深入理解他人的情感，也因此可能导致沟通困难，带来人际交往上的问题，也可能会继而影响自己获得成就。

第五节 成熟版本：我似乎明白他为什么那么做

▶ 不理解才是常态

我们已经探讨了等同、缺少内外世界间的桥梁和拒绝思考三种心智化版本，现在让我们来了解一下成熟的版本是什么样的。

也许你会认为，成熟的心智化版本意味着能够读懂他人的心思，也就是说能够完全理解对方在想什么。然而很遗憾，如果一个人真的这样以为的话，这恰恰是不够心智化的表现。

在成熟的心智化状态下，我们当然会尽力去推测、想象、理解他人行动背后的心智状态，但并不会追求全然的理解。因为成熟的心智化意味着知道：人类的心智状态不是透明的，而是私人化的，所以必然会存在无法理解的部分。对一个行动的解释，必然存在与我们自己的理解不同的其他角度。

因为人类世界就是这样缤纷多彩，看起来相似的行动，背后的含义却可能有天壤之别。反过来说，相似的内在感受，有可能会用截然不同的行动表达出来。因此，我们无法简单地套用公式：当一个人采取 A 行动，就代表他有 B 心智状态，所以我们要做出 C 反应。

就如柳宗元的名句所揭示的："嘻笑之怒，甚于裂眦，长歌之哀，过于恸哭。"某个人或许在笑着，但他内心中的愤怒，可能比他怒发冲冠地暴怒的时候更甚；或许你看到某个人在哀恸中仍然在唱歌，也许你会在心中评判，怎么发生了这么悲惨的事，他还唱得出来，真是麻木不仁，然而，他内心中的哀痛可能早已经超越了放声痛哭的程度。

这个世界充满了微妙独特的情感、错综复杂的动机和深藏不露的思想，正因如此，我们更应该珍视那些无法理解的时刻。这些无法理解的时刻，意味着我们正在体验人类的多样性，我们可以尊重不同的观点、行动及情感表达方式。

▶ 保持怀疑，但不被怀疑所淹没

可以说，无论是我们前面讨论到的哪种不成熟的心智化版本，它们的共同特点，都是把自己的理解视为唯一的确定性结论。与此相反，成熟的心智化版本则始终保持怀疑，留出足够的空间以容纳不确定性，相信对同一事物的理解存在多种可能性。

虽然拥有成熟心智化的人对自己的理解是保持怀疑的，但他们并不会被这些自我怀疑所淹没。因为一旦接纳了不确定性是必然的，那么，当发现自己"理解错误"时，只需要修正自己的理解就好，所以他们不会将"理解错误"视为不可宽恕或不可弥补的错误。因此，拥有成熟心智化的人，认为他人的行动是可理解的，尽管自己的理解不一定完全准确，但大体上能明白为什么对方采取了那些举动。

不强求正确答案，人就能获得更多自由。如果我们仔细观察并分析人际互动链，可以发现，成熟心智化的人在"理解"环节（环节三）能够设身处地地尝试理解对方的想法和感受，同时，他们明白这种理解只是众多可能性之一。因此，他们可以根据后续接收到的信息，来不断调整自己的理解。在"感受"环节（环节四），由于他们与自己的体验相连接，所以他们能够感受到真实的情感，并且能够心智化地理解这些情感。这使得他们在"行动"环节（环节五），更有可能有选择地做出反应，而不是冲动地采取行动。

成熟心智化的表现包括能够区分内外世界的不同，将内外世界有机结合，关注内在世界，整合自身感受，并在行动上有所选择。

▶ 不必过度警觉

当然，我们也不需要时时刻刻都高度警觉自己的人际互动链是怎么样的，因为这会造成我们心理上的负担，过于消耗精力和注意力。别忘了，大多数时候，心智化是一种不会被我们意识到的后台操作，我们往往自动化地使用自己的心智化能力来理解和应对世界。

当我们本身的情绪状态欠佳时，例如在情绪激动、愤怒、焦虑或沮丧等时刻，**我们容易自动化地调用更低版本的心智化，特别是当成熟版本的心智化还并不巩固的时候。**不过，偶尔使用低版本的心智化去应对人际关系也无伤大雅，毕竟，即便这一次人际互动链断了，我们还可以事后反思，再去修复。事实上，这种不断的事后反思，也有助于提高我们的心智化能力。

然而，如果我们总是习惯性地使用低版本的心智化，不去事后反思，那么就可能会带来严重的误解、冲突和紧张，使我们的人际关系受损。

整体而言，如果能够升级自己的心智化能力，我们就能够更好地理解他人，理解自己，这也可以帮助我们更加明智地做出决策和选择行动，建立更健康和有意义的人际关系。特别是在人生中的一些关键时刻，成熟的心智化能力可以成为我们的强大助力。这些关键时刻包括重要的职场谈话、家庭决策、人际冲突的解决，或者一些重大的决断，等等。在这些时刻，成熟的心智化能力能够帮助我们更好地理解他人和自己的需求和期望，更好地体会并管理自己的情绪，从而更好地达成我们的目标。

因此，虽然我们不必时时刻刻过于警觉，但是不妨在平时就提醒自己，练习升级自己的心智化能力。这将成为我们取得成功、建立深刻联系和实现幸福的关键因素之一。

在表 1-1 里，我对我们探讨过的这几种心智化能力的版本进行了总结，以帮助你更清晰地理解各个版本的特点及它们之间的区别。

表 1-1　心智化能力的不同版本

成熟 / 不成熟	版本	特点	区别
不成熟的心智化能力	等同	内外世界一致，心智即现实	把自己的理解视为唯一的、确定性的结论
	缺少内外世界间的桥梁	内外世界割裂	
	拒绝思考	对内在世界不关心	
成熟的心智化能力	成熟版本	努力推测、想象、理解行动背后的心智状态	保持怀疑，不强求正确答案

第二章

成熟的心智化能力
从何而来

02

第一节 以心育心

▶ 心灵渴望心灵

心智化是指理解行动背后的心智世界的过程和能力。其实我们也可以说，心智化就是能在自己的心智里装着另一个心智。这"另一个心智"通常指的是别人的心智（即用我的心智去理解别人的心智），有时，当我们把自己的内心状态当作理解对象时，也指自己的心智（即用我的心智去理解我自己的心智）。

然而，能够在自己心里装下另一颗心，这并不是与生俱来的能力。这种能力的高低受多种因素影响，其中包括一个人的认知发展水平。**在众多影响因素中，有一点至关重要：要想让我能在心里装下别人，我得先被别人装进他的心里过。**

渴望自己的心灵被另一个心灵装下，这是人类最基本的心理需要，是深切的内在渴望，就如同身体需要食物一样。英国精神分析学会前主席伊尔玛·布伦曼·皮克曾说："如果说嘴巴寻求乳房是一种先天倾向，那么我相信也存在一种心理等价物，即一个心理状态寻求另一个心理状态。"在身体层面，人需要乳汁、营养物，才能活下去，才能成长，相应地，人需要另一个人心里装着自己，才能在精神层面活下去，获得成长。渴望食物以满足身体生存所需及渴望另一个心智以满足心理生存所需，都是人的自然本能。

这种渴望不仅仅是理论上的概念，它在我们的早期生活中扮演着关键角色。在生命的最初阶段，婴儿需要身边的养育者将他们装在心里。

例如喂奶，许多妈妈都希望从第一口奶开始，就尽可能给孩子提供最优质的食物。在育儿社区中，我们常看到关于母乳和奶粉的讨论。其实，从心理层面来看，吃母乳还是奶粉并不是关键问题，更为重要的是，喂奶过程中的亲密互动。喂奶对婴儿来说并不仅仅是摄入养分，也是他们与其他人深度互动的时刻，喂奶给婴儿和养育者提供了真切交流的机会。所以很多人建议妈妈们用母乳直接喂养，因为这个过程中可以有大量身体接触。不过，其实不管是用母乳还是用奶粉来喂奶，我们都可以舒服地环抱着宝宝，保持和宝宝的肌肤接触、目光接触，跟他（她）说说话、哼哼歌，进行互动。

喂奶的过程通常是漫长的，这对妈妈们来说有时是享受，有时也的确是非常辛苦的挑战。因此，一些妈妈可能会选择一边喂奶一边看手机，借助手机来帮自己度过这段时间。假设妈妈在喂奶时自己完全沉浸在手机中，那么，此时她可能没有将宝宝装进心里。如果喂奶的过程总是这样，虽然宝宝们的肚子被乳汁填饱了，但他们心灵上的饥饿却很难得到满足。

▶ 数字时代的挑战

近些年来，一些人倾向于将许多问题归咎于手机的过度使用。无可置疑的是，有太多商业活动通过各种方式鼓励人们增加手机使用时间，这的确会引发很多问题。但我想说的是，如果我们把很多问题简单地归咎在手机这个"坏蛋"上，那么应对方式也就成了简单的一刀切。例如，认为陪孩子的时候一定不能看手机，看手机就是坏的，不看手机就是好的。这种绝对化的看法其实是非心智化的，并且，这很容易让我们忽视真正的重点。一个养育者在跟孩子在一起时，即使身边没有手机，甚至周围没有其他任何东西，但他仍然可能在自己的头脑中神游，心不在焉，仍然可能没有把孩子装进自己心里。

让我们再回到刚刚提到的喂奶情境。如果妈妈们在看手机的同时，也能分一部分注意力在宝宝身上，时不时地跟宝宝互动，那么就可以说，妈妈的心里既能装着自己，也能装着宝宝。在这个过程中，妈妈可以把宝宝当下的心智状态解释给宝宝："哦，你今天喝得很起劲啊，看来你今天很饿了。"妈妈也可以把自己的心智状态解释给宝宝，例如在妈妈看了一个搞笑视频，一阵大笑后，可以跟宝宝说："你感觉到震动了吗？因为妈妈在笑呢，妈妈看了一个超好笑的东西。"

通过成千上万次这样的互动，一个人就可以体验到别人的心智里能够装着自己的心智。并且，尽管我们无法直接看到一个人的心智，但通过这样的互动，孩子可以体会到，心智的状态是可交流的。他人有可能理解自己的心智状态，或者，至少他人可以试着去理解自己。孩子亲自体验到被心智化的过程。所谓以心育心，就是养育者去心智化孩子，这样，可以培育出孩子的心智化。

在成长的过程中，如果你常常能够体验到"别人的心里有我"，那么，你就能够获得较高的心智化能力。

代际传递

▶ 父母被他人装进心里的经历

在我和儿童父母的工作中，能够观察到，有些父母似乎很擅长将孩子装进他们心智里，他们不用费太大力气就能做到。这种"装进"，不仅仅是指他们能够关注宝宝、牵挂宝宝，而且也指他们能够去心智化宝宝的心理状态，也就是去试图解读宝宝行动背后的心智。然而，也有一些父母表现得很难在心里装进宝宝。他们中的一些人会根据自己的状况来"决定"宝宝的状况（等同），这就会出现"我觉得他冷，那他肯定就冷"的情况。有些人也很着急，很努力地学习了不少关于婴儿、儿童发展特点的知识，但却很难将那些知识与自己的宝宝真正联系起来（缺少桥梁）。也有一些人表现得对宝宝的心智状态不予关注（拒绝思考），认为"小孩儿懂什么啊"。

也就是说，父母们自身的心智化能力各有不同。那么，是什么造成这些父母间的差异呢？一个关键性的原因是，父母自己是否体验过"别人把我装进心里"。

心灵渴望心灵，心灵需要曾被别的心灵装进过，才能装下别的心灵。因此，如果父母自己没有体验过，或者很少体验过被他人装进心里，那么他们也很难把自己的孩子装进自己的心里。这并不是意愿问题，而更多的是能力问题：不是他们不愿意那样做，而是他们不知道需要那样做，或者，他们不知道怎样做。

▶ 能否把别人装进心里，并不取决于受教育程度

当谈到代际传递的话题时，常会有人说，可是我们的父辈没有接受过这么好的教育，他们当然不懂这些心理层面的东西了。不过，我认为能不能在心里装着别人，跟受过什么样的教育没有因果关系。就像我在前面提到的，即便我们拼了命地学习养育知识，受到了良好的教育，也并不一定能够心智化地把孩子装进心里。

把一个人装进心里，这并不依赖于受教育程度，也不需要什么所谓正确的技术。它就体现在日常生活的点滴细节中。旧时代的父母也完全可以通过下面这些方式把孩子装进心里。

- 把孩子拥入怀中，感受到两颗心是贴近的。
- 用布带把孩子绑在身后干活的时候，也没有忘记身后的孩子，一边干活，一边哼着童谣哄着他。
- 当孩子发出别人听不懂的"啊啊啊"的叠音的时候，马上就能明白孩子是想要小便了。

- 在取暖的炉膛里，给还没到家的孩子留一块烤得热乎乎的红薯。

你看，在这些点点滴滴的生活细节中把孩子装进心里，心智化地理解孩子，这跟父母的受教育程度无关，跟他们接没接受过新思想无关。一个不识字的妈妈，也完全可能拥有良好的心智化能力，把孩子装进自己的心里。

▶ 突破传承模式，革新心智

如果你的祖辈们拥有过被人装进心里的经验，那么，他们极有可能也把这种经验传递给了你，因此，在你的成长过程中，你常常能够体验到被人装在心里，你会拥有很好的心智化能力。

不过，如果你的祖辈们并没有过太多被人心智化的经验呢？

一代人把经验传给下一代人，下一代人又传给下一代人，那是不是子子孙孙无穷匮也，就这样被固定在一成不变的模式里了呢？并不是这样。我认为代际传递带给我们的思考是，我们需要充分认识代际传承的力量，如果不努力做出改变，在家族的传承中，将始终存在"太行、王屋二山"，阻碍我们的自由。我们每一个人，都可以是初代的"愚公"，承认自己受阻于世代相传的

大山，然后，努力去做点什么。这样，这种世代相传的固化模式，就会从我们这一代开始发生改变。

当你意识到代际传承对你心智化能力的阻碍，当你开始理解每个人都有心智状态，理解我们可以把别人和自己的心智状态放在心里时，改变就已经开始发生了。这是一场心智的革新。

代代相传地拥有许多被人装进心里的经验，这样的人是幸运的。不过，我们多数人并没有那么幸运，我们要靠自己的努力，换来心智化能力的革新。曾经这样挣扎着过来的我，也曾经陪伴过许多这样挣扎着过来的人们，通过这些积累而来的经验，我为这样挣扎着的你制定了一些帮助心智革新的练习。请你使用本书后续章节中的练习，做勇敢的"愚公"，突破家族的模式吧！书写属于你的新故事。

第三节 依恋类型

▶ 四种依恋类型，你的社交模式是什么

从生命的最初阶段，我们就有可能从养育我们的人——妈妈、爸爸、祖父母、月嫂等——那里体验到被别人装在心里。渐渐地，

我们和这些养育者之间产生了情感纽带，形成了依恋关系。我们会与自己依恋的养育者磨合出一套互动模式，这种互动模式会被我们内化，成为未来与人交往的固定模式。这就是依恋类型。

如果我跟养育者磨合出的模式是彼此亲近、信任的，在我面临威胁的时候，我相信他一定会出现，在我需要情感支持的时候，愿意向他寻求安慰，并且也常常能被他安慰到，那么我会发展出安全型的模式。

如果我从养育者那里体验到的经常是被忽视或被拒绝，久而久之，我学会了不再提要求，跟人保持距离，甚至可能跟自己的情感也保持距离，那么我发展出来的模式是回避型，这在我成年后也被叫作疏离型。

如果我在与养育者的互动中发现，当我是一个情绪稳定的乖小孩的时候，他往往看不见我，可假如我搞出点事来，就能获得关注，那么，我就学会了想尽一切办法来让自己的需要获得满足，还会把大部分注意力放在他身上，因为我担心一旦放松警惕，他又要把我忘在脑后了，这样，我就发展出来矛盾型的模式，这在我成年后也叫作倾注型（也被翻译成"迷恋型"）。

还有一种情况是，我的养育者的反应实在无法预测，他总是阴晴不定，那么，我会发展出混乱型的模式，这种类型相对来说比较少见。

▶ 打垮一个人的，不是负面感受，而是负面感受从未被镜子映射

那么，我们是如何开始对自己进行心智化，也就是说，开始对自己进行理解的呢？这源于我们和养育者的互动。我们的养育者充当了镜子，我们从这面镜子中看到了自己的喜怒哀乐。

下面的例子说明了一位足够好的养育者是怎样充当镜子的。

一个婴儿扁着嘴哭了起来。他的养育者很自然地模仿着婴儿的样子，皱起眉头，扁着嘴说："哦，哦，宝宝好伤心哦，宝宝忍不住哭了呢。"养育者的语气既真挚，又带有表演痕迹，这是指语调里有那么一丝夸张的感觉。这位养育者就成功地充当了镜子，婴儿从他的脸上看到了自己的表情，也从他的语气里听到了自己的情绪状态。而那丝夸张的表演痕迹，就是在告诉婴儿：养育者是在做镜子，在映射婴儿的感受，那些感受不是养育者自己的。

当婴儿从他人身上看到自己时，就可以开始对自己进行心智化了。尽管婴儿的内在感受是负面的，但由于他能够被自己和他人心智化，这为婴儿带来了安全感。因为婴儿发现，自己的内在感受是可以与他人共享并且得到理解的。同样重要的是，婴儿发现，他人接收到让自己感到不舒服的这种感受后，并没有被这种感受击垮，这说明这种不舒服的感受并不可怕，这让婴儿变得更

坚韧，他对这种不舒服的感觉更耐受了。

因此，尽管养育者像镜子一样，反射出的是负面的感受，但婴儿却没有因此变得更加不安，反而慢慢地被安抚下来。**从这个意义上来说，负面感受也能带来安全感。**

有时，养育者以为必须让孩子快点摆脱负面感受，才能获得安全感。因此，在上述情景发生时，他们有可能会想方设法让孩子快点振作起来，或者分散孩子的注意力，让他去想开心的事。但实际上，这时的养育者就没有在做镜子了。如果在面对负面感受时，养育者总是这样做，那么，孩子将永远也没有机会去心智化负面感受。负面感受不会因此就不在人生中出现，而是成了从来没有被驯化过的可怕的野兽。**所以，打垮一个人的，不是负面感受，而是负面感受从未被镜子映射，从未被心智化。**

还有一种情况，当婴儿哭起来时，如果养育者自己也感到十分慌乱，那么，就没办法带着一丝夸张的表演性来为婴儿做镜子了。相反，养育者只能将自己的不安传递给婴儿，或者试图掩饰自己的慌乱。那样，婴儿也无法通过他人来对自己进行心智化。此外，婴儿多半可以觉察到养育者的不安，这会给婴儿带来这样的感受："天呐，他们也被搞崩溃了！所以我无法理解的这种不舒服的感觉真的太可怕了！"

▶ 依恋类型影响镜子的"折射率"

有趣的是，养育者本身的依恋类型也会影响他们能否映射孩子的感受，这就像是他们作为镜子的"折射率"受到了依恋类型的影响。

在多伦多大学的一项研究中，发展心理学家凯伦·米利根等人研究了 36 名不同依恋类型的母亲，他们请这些母亲为自己的宝宝唱歌。结果发现，在宝宝感到痛苦的时候，安全型依恋的母亲的歌声中能够映射宝宝的痛苦，但同时，她们的歌声里也掺杂了其他情绪——毕竟，在那一刻，直接感受到痛苦的是宝宝，而不是母亲。这样，母亲和宝宝之间就产生了一些距离，他们的感受并不是完全重叠的。这时的母亲，才是一面更好的镜子。因为，当我们紧紧贴在镜子上的时候，没有办法真正照到镜子，而是必须跟镜子之间拉开一点距离，才能被镜子照出来。感受的映射也是如此，当母亲的歌声中掺杂了其他情绪时，她在感受上和自己的宝宝稍微拉开了一些距离，这样，在两个人之间就有了空间，宝宝的情感可以被母亲这面镜子所映射了。在这种状况下，宝宝才能体验到被另一个人心智化，并且通过这面镜子，他们开始学习对自己的心智化。

相比之下，倾注型依恋的母亲在面对宝宝的痛苦时，歌声中完全失去了表演痕迹。她们的歌声里只有痛苦，没有任何其他情绪。这就仿佛她们也完全被宝宝的痛苦淹没了，那一刻，她们与宝宝重叠了，融为一体，无法拉开空间。她们自己也深陷于宝宝的痛苦中，无法自拔。在这种状态下，宝宝就没法以母亲为镜子，来心智化自己的感受了。

在宝宝感到痛苦时，倾注型依恋的母亲很难与宝宝拉开距离，而疏离型依恋的母亲则完全相反，她们距离宝宝的痛苦感受太遥远了。尽管宝宝明显在经历痛苦，但这一类型的母亲却表现得不受宝宝情绪的影响，她们依然在唱指定的歌曲，歌声中并没有映射痛苦情感。因此，宝宝当然也无法用疏离型依恋的母亲来当镜子，从而心智化自己的感受。

如果你曾经有幸拥有过足够好的养育者，他们就像清晰的镜子，能够映射出你内在的喜怒哀乐，那么，你的心智化能力将得以充分培养和发展。这样的经历赋予了你更深的自我理解，让你具备理解他人的能力，同时也使你更加坚韧，能够应对生活中的挑战和困难。

但如果你未曾有过这样的经历，如果你在成长过程中很难找到那样一面镜子，或者，你的镜子只映射出你的某类体验，却无法映射出你更加丰富的体验，那么可能会妨碍你获得良好的心智化能力。不过，不管你的经历如何，如今你已经是成年人，你可以为自己做镜子。试着去直面自己的各种情感体验，即便是负面的感受，也不要歪曲它。当然，也不必逼自己一下子就达到那种状态，你可以借助各种工具，逐渐把自己打磨成清晰的镜子。希望本书后面的章节能够陪伴你，甚至也能承担一部分镜子的功能，帮助你逐渐提升自己的心智化能力，成为你想要成为的样子。

第四节　情感养育

▶　被忽视的情感养育

在几年前的一次关于养育和心智化能力的小型研讨会上，有人提出：我们中国人从小就听说过三十六计，对《三国演义》里的很多故事也都耳熟能详，照此说来，不说人人都该是谋略大师吧，至少也都该挺熟悉钩心斗角之术的，然而，为什么我们并不觉得自己具备超强的心智化能力呢？对很多人来说，哪怕上学的时候学的三国课文都还能完整复述，可对自己的感受、对生活中他人的举动却充满了不解和困惑。

当时，北京大学心理与认知科学学院的苏彦捷教授基于她们的研究，做出了这样的回应：我们的养育者通常只注意传授知识，而忽视了情感养育。

拿亲子共读绘本为例，很多父母在给孩子讲绘本的时候，很注意让孩子学习绘本中的知识，或引导孩子做出判断，这都属于认知的范畴。例如，白雪公主吃的这个是什么呀？这是什么颜色？小矮人在做什么事情啊？王后这样做是对的还是错的？甚至他们可能会像我们小时候学语文一样，为孩子总结故事的中心思想。

但是，相对来说，父母不太重视绘本中涉及的情感。例如，这些都是绘本中涉及的情感：在这一刻白雪公主感觉到了什么呢？她在这一刻开心吗？在这一刻她感觉到悲伤或害怕吗？为什么会有这种感觉呢？听完这个故事后，宝宝你有什么感觉呢？爸爸（或妈妈）看到白雪公主吃毒苹果的时候，心里很为她着急，很害怕她会出事。其中，最后的这个部分是父母最少跟孩子分享的——父母向孩子分享自己的感受，也就是向孩子示范如何心智化自己的情感。

所以，在这些亲子互动中，孩子学到了大量关于客观世界的知识，但是却很少有机会学习到他人的内在心智世界是怎么运作的。

回顾我们自己的经历，大多数人恐怕都有这样的体验：当学生的时候，我们被告知只有学习才是学生的本分，只要专心学习知识就好，不要掺和大人的事，也不要琢磨跟学习成绩不相关的"歪门邪道"。由于情感及对自己和他人心智的理解，都不属于学业知识，所以也被划归到了歪门邪道之列，我们被要求不要对这些投入精力。

因此，在我们成长中的很长一段时间里，许多人都没有机会重视心智化能力及提升心智化能力。

▶ 情感养育和物质养育同样重要

毫无疑问，许多父母都竭尽全力来照顾和养育孩子。在物质层面，通常我们被照顾得很好，我们不愁吃穿，也不必为家庭经济分忧。然而，我们常常发现，父母们未能将情感养育与物质养育同等重视。这可能源于父母们自身的经历、整个社会环境，以及传统教育方式等多种原因。

我们可能都熟悉一句话："打是疼，骂是爱。"当我们达到比较高的心智化水平后，可以理解这句话里隐含着良苦用心。不过，当我们还是孩子的时候，只能直观地理解这句话，然而这句话却混淆了痛苦和爱。因为被打、被骂，在最自然的体验上（人际互动链中的环节四，感受）是一种痛苦、受伤、恐惧的感受，但是我们被告知，那是被爱。结果，这就会造成一个人内部状态的混乱。这实际上是心智化状态的反面，它没有帮助我们理解清楚自己和他人的内在世界，反而让我们对内在世界的理解更加混乱了。

这种混乱的程度可轻可重。如果一个人的成长经历中，反复经历这种语言或行动上的不一致，那就可能造成严重的内在世界的混乱。例如，我在心理咨询中会遇到一类来访者，他们总去追求那些令人痛苦的、势必会给他们造成伤害的恋爱对象。原本，痛苦和爱是两个相互独立、互不相干的感受，它们之间也没有必然的因果关联。可是，在他们的世界里，痛苦和爱混淆成同一件事了。有的来访者在经过了长期的咨询工作后，内心状态变得更加成熟和清晰了，他们有了更好的心智化能力，也可以发现更加健康的恋爱对象了，但是，他们仍然会感到困惑，以至于他们在咨询中发出疑问："为什么这一次没有了我所熟悉的那种痛苦的感觉，这是爱吗？"

物质上的养育相对来说容易辨认。例如，就拿吃没吃饱这件事来说，我们可以用一些客观的方式来衡量，例如吃了多少克，同时我们也会用内在的感受——是否感到饥饿——来衡量，相对来说，这种内在感受和客观标准比较容易相互印证。但情感上的养育就没有那么容易辨认了，我们很难用客观的标准来衡量一个人在情感上有没有吃饱。因此，情感上的养育更需要清晰的表达，而不能期待孩子心领神会。

心智化是去理解无法直接被观测到的内在世界，情感是其中的重要内容。因此，在一个人的整个生命历程中，情感有没有受到重视，有没有培养对情感的理解，是心智化能力的重要影响因素。

第五节 互动的真实性

▶ 真实生命与虚拟生命不同

在心智化发展的这条道路上，我们需要反复地在人际互动链中去学习。我们需要不断地接收来自他人的信号，试图去理解、体会自己的感受，因而做出行动，再根据他人的反应，来调整我们的理解。在这些真实的互动中，我们慢慢学着去心智化自己和他人的内在世界。

那么，假如在成长过程中，一个人身边缺乏"人"的陪伴，会发生什么呢？例如留守儿童，或者，孩子虽然和父母或祖父母等养育者住在一起，但他们都太繁忙，大多数时候孩子是独自一人，又或者在科技发达的环境中，孩子更多地由屏幕、智能音箱等陪伴。

从心理学家维果茨基开始，许多认知发展心理学家强调，"关系"对于人的早期思维结构和理解能力有极大影响。人类的认知发展，无论是思维、理解力，还是语言，都需要在与他人的关系中得以成长。所以，并不是说把一个孩子放在某处，给他一些适龄的学习材料进行学习，他就能获得认知上的进步。

华盛顿大学西雅图分校的学习与脑科学研究所的帕特里夏·库尔教授的团队做过一个精巧的实验，她们找了一些家庭成员只说英语的婴儿，这些婴儿的年纪是 6～8 个月大，在两个月的时间里，婴儿们会接受 12 次中文教学。不同的是，研究人员把这些婴儿分为三组，第一组婴儿由老师亲自在场教学，第二组婴儿看老师的教学视频，第三组婴儿将从屏幕上看到泰迪熊的影像，同时听老师的教学音频。全体婴儿的中文老师是同一位老师，12 次的教学内容也是一样的。实验的结果是，在两个月后，这些以英语为母语的婴儿中，接受老师亲自在场教学的婴儿，中文的学习程度和以中文为母语的同龄婴儿是一样的。而接受视频教学和接受音频教学的婴儿的学习效果相同，并且，他们都和从来没有接受过中文教学的西雅图婴儿一样，中文学习程度没有得到提高。**这个实验告诉我们，小婴儿需要和真实的人类在一起才能学习。**

对年龄更小的孩子来说，真实的人的存在也非常重要。差不多在 50 年前，对婴儿认知的研究就已经发现，在两月龄之前，婴儿看东西的时候存在一种通用的策略，即他们的视线会首先把物体的外周扫视一圈，然后视线才会落在这个物体的内部。然而不同的是，如果他们看到的东西是人脸，这个通用的策略就会发生变化。而且，假如看到的这张人脸会说话，或者脸上出现了动作、表情，那么，即便是小于两个月的婴儿，也不再先去扫视外周，而是立刻去注视人脸本身了。也就是说，即便是非常小的婴儿，对真实人类的反应，也与对其他事物的反应不同。

实验研究可以严谨、客观地给出一些推论，这些推论常常会让我们感到出乎意料，因为它与我们日常生活中的直觉是如此的不同。

对许多人来说，直觉的体验是，觉得小孩子没办法和我们有深入的互动，进而觉得跟那么小的孩子互动也是白费力气，平白浪费了时间。所以，我听到过太多父母说，趁着孩子小，可以把他扔下不管，等到孩子 3 岁以后"懂事了"，或者等到孩子上学以后，自己就得花很多时间陪伴孩子了。殊不知这样的做法才是没有把好钢用在刀刃上。婴儿从生命早期就开始的与人之间的真实互动，才是他们理解世界所不可或缺的。如果缺乏这一点，他们在认知层面就没法得到充分的成长，未来的学习效果也会大打折扣，并且，也难以提高心智化能力。

▶ 不要因为怕出错而抑制真实感受

在我的工作中还观察到另一种情况：有些父母实在太想做出色的父母了，所以，他们担心自己的自然反应不够好，因此，自觉或不自觉地，他们抑制了自己真实的反应。

其实，这些父母往往非常努力，很希望给予孩子最好的照顾，所以他们很可能会阅读很多育儿文章，或者参加很多养育训练，学习科学地养育孩子。不过，这些都有可能是柄双刃剑。**如果过于介意反应的"对"或"错"，就无法做出真实的反应了。**在和孩子的人际互动链中，在接收到孩子发出的信息后，他们在环节三和环节四（理解与感受）中放弃了去理解当下，也放弃了去体会自己的真实感受。他们转而去提取学过的知识库里怎么说、按照科学"应该"怎么去回应。事实上，这个时候的人际互动链就不再是真实的人际互动链了。说得极端一点，这个时候的父母，其实有点像在信息库里搜索答案的人工智能。因此，这样就把真实的人与人之间的互动，变成了人与人工智能之间的互动了。

这也属于我在前面说过的，理论层面的知识与实际的体验脱节。

还有一种情况是，在与孩子的人际互动链中，父母在环节四（感受）体会到了自己的感受，但是马上加入一个判断："这种感受是不对的、不应该的"。因此，父母停止了对这种感受的反思，而试图把感受抑制住，屏蔽到自己的心智世界之外。所以，在环节五（行动）中，他们同样选择了"应该"怎样去反应。

这样的互动也变成了"人工性"的互动，造成了理论知识和实际体验的脱节。除此之外，还有可能带来另一个问题，那就是孩子可能会接收到相互混淆的信息。美国发展精神病学家和精神分析师丹尼尔·斯特恩是研究母婴间微妙互动的专家，他提出，很多时候我们接收到的不仅仅是分类情绪（如喜、怒、忧、思、悲、恐、惊），还会接收情绪的活力强度。这就如我们在大剧院的3楼后排看舞蹈表演，从那么远的地方看，我们根本看不到演员的面部表情，也没有台词、歌词等语言来解释角色的情绪状态，但是，我们仍然能够从演员的身体表达上，体会到某些情绪强度。事实上，我们可以在一定程度上克制自己的语言和表情，但是在人际互动中，整个身体的表达、细微的动作、情绪的活力氛围却是很难被抑制住的。

因此，虽然我们试图用"人工"的方式去面对孩子，克制自己真实的情感，用我们认为"应该""最佳"的语言和表情来回应，但是孩子在接收到我们的语言和表情的同时，也会接收到与之相矛盾的信息。这就带来了心智化能力发展的困难。因为孩子将不知道如何处理这些相互矛盾的信息。他们因此无法理解他人的心智世界。

从这个意义上来说，有的时候，一个容易暴躁但却真实的父母，可能比一个情绪稳定却隔离情感的父母，更有助于孩子心智化能力的提高。

总之，如表 2-1 所示，如果你曾经常被人放在心里，你的父母也曾被他们的父母放在心里，你和主要养育者的依恋类型是安全型，在养育过程中情感养育被重视，你早期的人际互动很真实，那么，你更有可能获得高心智化能力。

表 2-1　培养心智化能力的有利因素和不利因素

培养心智化能力的有利因素	培养心智化能力的不利因素
能被养育者放在心里	较少体验过被养育者放在心里
父母也曾被他们的养育者放在心里	父母较少体验过被他们的养育者放在心里
和父母、其他养育者的依恋类型是安全型	和父母、其他养育者的依恋类型是不安全型
养育过程中注意情感养育	养育过程中只注重传授知识，忽视情感养育
成长中与人的真实互动较多	成长中与人的真实互动较少

我们的心智化能力就这样开端于每个人生命的最早期。由于上述这样或那样的原因，我们可能没有发展出较高水平的心智化能力，这可能会导致我们在人际关系中或在实际生活中的困惑和困难。但是没关系，任何时候，当我们发现了这一点，就是开始转变的契机。

接下来就让我们随着这本书，来提高我们的心智化能力，更好地应对人生的关键场景吧。

第三章

三大口诀：让关系变好的三句神奇语言

03

第一节 一个沟通断裂的例子：人际互动的心智化解析

▶ **亲密背后的误解**

让我们一起来看一个例子。

休息日，嘉文和恋人晓楠依偎在一起刷视频。当他们看到视频中一位女性的身材骨感瘦削时，嘉文宠溺地戳了戳晓楠腰上的赘肉，说："还是咱们这样软乎乎的，靠着舒服。可不许过度追求瘦啊，你要是也减到那么瘦，我可不干。"

听到这话，晓楠立刻直起身体，质问嘉文："你什么意思！"

其实，晓楠的心里已经瞬间"炸毛"了。晓楠心想："他肯定是对我很不满意，所以才说这种话。别看他说得拐弯抹角的，说白了，他的意思就是，要是我的身材让他不满意，他就要甩了我呗！"

听到晓楠的质问，嘉文一头雾水地说："啊？没什么意思啊。"

嘉文搞不明白，为什么原本好好的，突然晓楠就不再和他依偎了，并且语气也带着火药味。

晓楠生硬地说："你是挺没意思的！"

晓楠的话一句接着一句地刺激着嘉文，他也开始变得不耐烦。他实在无法理解，为什么原本温馨的氛围会突然被打破，而他明明什么也没做。于是，嘉文不耐烦地回了一句："你总是这样，好日子不会好好过！"

两个人就这样开战了。这让晓楠更加坚定了她的信念："他就是对我不满意，等着机会跟我分手呢。与其这样，不如我先甩了他！"

就这样，在极短的时间内，这对情侣从柔情蜜意、身体上和心灵上都相亲相近，突然间转变到爆发激烈的冲突、彼此的身心都迅速远离，甚至闹到要考虑切断关系的地步。

▶ **解析人际互动链**

让我们用人际互动链来看看发生了什么（如图 3-1 所示）。我们可以看到这个情景中，有好几条接连不断的互动链。

请注意，虽然我们事后可以用人际互动链来分解到底发生了什么，但是对于嘉文和晓楠来说，多数内容是他们在当下意识不到的。他们基本上都是快速地，甚至本能式地做出反应。

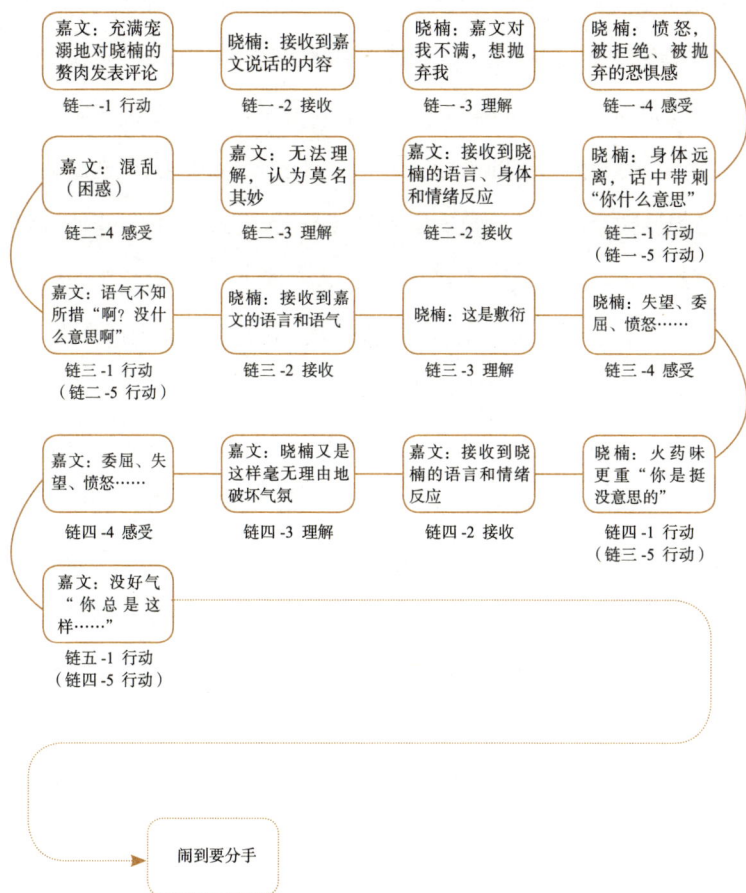

图 3-1　人际互动链：嘉文和晓楠的沟通之困

先来看第一条互动链。在环节一（对方的行动，链一 -1），嘉文对恋人的赘肉发表了一番言论。环节二（接收，链一 -2），晓楠接收到了这些语言，但很可能没有接收到语言以外的内容，例如嘉文的语气、动作、体态等，或许晓楠不是没有接收到，而是她并没有关注那些信息，只是把焦点放在嘉文的语言上了。因此她没能接收到"宠溺的"这个重要信息。环节三（理解，链一 -3），晓楠把嘉文的语言理解为对自己的不满，甚至理解为是嘉文想要抛弃自己。因此在环节四（感受，链一 -4），晓楠感觉到愤怒，但她不一定能感觉到自己也有被拒绝、被抛弃的恐惧感。在环节五（行动），晓楠迅速行动，立刻在身体上远离嘉文，并且用带刺的语言来表达自己的愤怒。

这个人际互动链继续下去，环节五也成为下一个链条的第一环（晓楠做出的行动，链二 -1）。这带来第二个链条的环节二（接收，链二 -2），嘉文接收到的是晓楠"毫无来由"的话中带刺，并且不再依偎着自己了。接下来的环节三（理解，链二 -3）和环节四（感受，链二 -4），嘉文感到无法处理这些信息，他不明白发生了什么，觉得莫名其妙，无法理解晓楠的态度变化。因此在环节五（行动），他只能很困惑地回答："没什么意思啊。"

而嘉文的这个行动（第三条链的环节一，链三 -1）并不能安抚晓楠，这不是晓楠期待的答案。晓楠接收到（链三 -2）嘉

文的言辞，也接收到嘉文的语气发生了变化，不如之前那么热
情。她对此的理解（链三 -3）是，嘉文在敷衍她，这让晓楠感
觉（链三 -4）越发失望、委屈和愤怒，所以在环节五（行动，链
四 -1），晓楠的反应升级，对话中的火药味更重了。

在整个故事最初的一环，他们两个人本来很亲密，嘉文用打
情骂俏的方式表示亲昵，由于晓楠对嘉文心智状态的误解，导致
了最初的冲突。更重要的是，接下来一环又一环的，两个人都无
法恢复到较高心智化状态，最终造成了冲突的升级。结果，原本
希望加深亲近的行动，最终反而把两个人推远了。

▶ 升级心智的三大口诀

嘉文和晓楠的关系原本极其亲密，从本意来说，他们双方的
行动都是出于好意，内心中渴望更接近对方，然而，他们的关系
却令人遗憾地疏远了，仿佛彼此间隔着一道无形的鸿沟。这并不
是因为缺乏爱或意愿，而是因为心智化的一再失败让他们陷入了
相互误解的泥淖。

像嘉文和晓楠这样的状况，我们恐怕都不陌生。在日常生活
中，我们也可能会遇到类似的困境，无论是发生在和恋人、家
人、朋友、还是同事之间。当无法心智化或错误地心智化了对方

的内在世界时，曾经亲密或舒适的关系可能变得冷淡，甚至剑拔弩张。这种困境不仅会带来心灵上的痛苦，也会影响我们生活的品质，让人倍感沉重。

但是，这些关系的疏远并不是无法逆转的。通过学习、练习，提高心智化能力（升级心智），我们有机会修复这些关系的裂缝，让它们重新焕发活力。

那么，我们应该从哪里入手，来提高心智化能力呢？在多年的心理学实践中，我总结出了提高心智化能力的三大口诀，这些是可以让我们事半功倍地提高心智化能力的有力抓手。

1. 暂停、跳出，思考对方怎么了 / 我怎么了？

2. 别人不懂我，这才是正常的。

3. 把"肯定"换成"可能"。

就像学习一门武功需要掌握武林秘诀一样，这三大口诀，就是研习心智化能力这门武功的秘诀。

希望你可以在平时把这三大口诀牢记在心，最好可以达到随时都能调用的熟练程度。这样，当遇到关键时刻，它们将成为你应对危机的得力工具，你可以在心中默念口诀，来提高自己的心智化能力，应对人际关系中的危机。

第二节 **口诀一：暂停、跳出，思考对方怎么了 / 我怎么了**

▶ **掌握"暂停键"，改变互动方式**

你已经看到嘉文和晓楠之间的互动多么令人遗憾了。如果生活能像一部电影，在他们即将做出迅速反应的时候，大喊一声"且慢"，按下暂停键，邀请他们回看细节，并思考对方和自己的内部心智状态，他们之间的互动就很可能会有不同的走向。

也就是说，在人际互动链的环节二——接收到对方的信号后，有意识地在心里按下暂停键，先不要过快地做出反应（环节五，行动），而是先跳出当下的场景，以观众的视角来回看这个画面，思考对方怎么了，他因为什么而做出那个行动，或者思考自己怎么了，为什么自己想要做出这种回应。

这就是我们的第一个口诀：暂停、跳出，思考对方怎么了 / 我怎么了？

我们每个人的身上都有一些"扳机点"，当这些点被触发时，会一下子激发我们的极大情绪。作者我也一样，有的时候，因为愤怒的"扳机点"被触发，一下子暴怒，和他人爆发冲突；或者有时，因为恐惧的"扳机点"被触发，立刻引发我的逃跑反应。

在这种时刻，心智的空间被挤压没了，我的整个世界只剩下两个点：被触发的那个点和迅速反应的那个点。我们都知道，两个点之间只能连线，无法创造空间，至少要有三个点，才能拉出空间来。我们的第一个口诀，就是用来引入第三个点——暂停键，以此来为我们的心智创造空间。

通过暂停键，我们拉出了一个可以进行心智化的空间。当有了这个空间之后，我们才有机会去思考，去看到事情的不同角度，理解人性的复杂性，也才能不被本能性的反应所左右，能够更加理智地做出选择，让自己活得更明白。

▶ 原理：行动背后必然有一个完整的心理状态

从心智化的角度来思考时，我们需要建立一个信念：没有任何行动的背后是真空的，行动背后必然有一个完整的心理状态。

行动是沟通中的人们发出的信号。这些信号，有的显而易见，有的则经过层层加密，有的表达得非常明确，有的则很模糊、微弱。这就好比用电台或对讲机进行通信，有时我们会发送加密的电码，有时虽然不是加密的电码，却会使用一些电台发烧友的专用用语，有时电台的频道未被调准，传递的信息充斥着太多噪声，或者讲话的人离对讲机的距离太远，声音微弱不清。

人的心理状态是很复杂的，所以很多时候，发出的信号会经过复杂加密，甚至很多时候，发出信号的人，也并不清楚自己给信号加了密，这往往是下意识进行的。

所以在人生的关键时刻，很需要能够暂停、跳出，在拉出空间之后，我们能更全面地接收信息，解开对方的行动所代表的密码，获得对行动背后的心理状态的了解。

例如，在嘉文和晓楠的互动中，链一 –1（嘉文的行动）是经过一些加密的。单看嘉文的后半句话，"可不许……，你要是……我可不干"，确实可以把这个信号理解为带有命令、禁止、威胁等含义。不过，如果我们完整观察这个行动的细节，我们会发现，嘉文的语气是亲昵的，并且他使用了"咱"这样的字眼，因此，这个加密的信息原本是想要表达亲近的。只不过，这些非语言信息对于晓楠来说可能是非常微弱的。

▶ 快速反应下的"沟通"只是一场独角戏

在快速反应的时候，我们往往会下意识地对行动（环节五）做出判断，而帮助做出判断的，往往是自己当前的情绪状态、过去的经验，以及对未来的期待或焦虑等。

例如，你不久前才看了一部电影，其中主人公在超市里被年轻女孩围攻的恐怖场面令你大受冲击。当你走进公司附近的杂货店，熟悉的年轻老板娘跟你打招呼的时候，你突然间感到汗毛竖立，想要扭头离开。这是你的身体快速地做出了反应。你看过的电影情节尽管并不是时时刻刻萦绕在你脑海里，但它们并没有被遗忘，而是暂时退到了背景之中。当遇到与电影情节类似的环境——如杂货店的布局或老板娘的年龄等，这些情节就自动跃到前景里。由于它们曾给你带来巨大的冲击，引发过极其激烈的情绪反应，所以能在一瞬间激发起你的反应。这就是未经心智化的行动：没有经过大脑，身体就直接做出了迅速反应。

在这个短暂的瞬间，表面上看来是老板娘的行动引发了你的反应，实际上，在那一瞬间，你已经与真实的外在世界断开联系了，老板娘的行动只是一个"开关"，它让你瞬间关闭了和外在世界间的联系，而只受到自己内在世界中的记忆和感受的驱使。**你实际上是被囚禁在了自己的内在世界里**。

因此，在发生快速反应的时候，看似是两个人之间的互动，其实更多的是一个人与他自己的过去、现在和未来之间产生的反应。也就是说，两个人看上去在沟通，结果却搭不上频道，连接不到对方。

如果两个人都这样快速反应，结果就是双方都囚禁在自己的内在世界里，各说各话。这就如同两个远距离的人各自拿着对讲机在拼命大喊，却无法把自己呐喊的内容传递给对方，也听不清对方在说什么。这样，尽管看起来很大声的极力沟通，却达不到沟通的效果。

▶ 在心里创建"暂停键"，关键时按下它

这种时候，就需要我们在心里创建一个"暂停键"，学会在关键时刻按下按键。

想象一下，当你在杂货店里感到自己有想要扭头离开的冲动时，如果你能按下暂停键，给自己一个"过一下脑子"的机会，也就是让自己有机会心智化自己的状态，你就会开始思考："我是怎么了？"于是，你可以与自己的内在世界进行沟通，了解到自己是因为突然想起了那部电影，了解到那段电影情节对自己的影响巨大；你也可以与现实世界恢复联系，暂停下来，观察周围环境，看看老板娘的表情和动作，重新评估环境的安全性，评估自己是否真的处于危险中。

你或许已经发现了，我们之所以有时会不过脑子就行动，是因为这可以让人类迅速逃离潜在的危险。当现实中我们真的面临生命威胁时，停下来进行心智化可能会让你来不及躲避危险，因此，我们的身体发展出了一种机制——绕过大脑，先逃跑再说。

所以，如果刚才的那一幕发生在一个陌生城市的夜晚，而你感觉到存在威胁，那么就听身体的，先快速逃离了再说吧。

绕过大脑直接行动，这是人类在受到威胁的应激情境下常常采取的机制，除了逃跑之外，有时也可能会引发战斗状态。但如果在相对熟悉、安全的环境里，过于频繁地使用这种机制，会使你囚禁在自己的内在世界里。而且，经常处于应激状态下，也会对你的身心健康造成不利影响。因此，在确定安全无虞的情况下，希望你能记得使用我们的第一个口诀：暂停、跳出，思考对方怎么了/我怎么了？

如果你发现让自己暂停下来很困难，那么一个有用的方法是，想象那个暂停键就具体地存在于你身体的某个部位。但请注意，不要等到关键时刻才开始想象，而是需要在平时就建立这个想象。例如，你可以想象你的暂停键就位于你左手大拇指的第一节指节上，或是位于你的胸口，等等。在日常生活中就培养对这个想象的熟悉感，这样在关键时刻，你就可以用手触摸这个部位，在想象中，按下按键。

如果在平时，晓楠就已经习惯于想象自己的右耳垂是暂停键，那么当嘉文对她的赘肉做出评论的时候，晓楠就能够默念口诀，拉一拉自己的右耳垂，让自己暂停下来，暂时跳出她内心已经十分激烈的场景。这样，她就不会一下子进入战斗状态，也就不会充满火药味地开战了。

暂停下来的晓楠可以拉开空间进行心智化，重新审视嘉文的状态：他现在的动作真的是充满挑衅的吗？他脸上的表情到底是什么？除了"可不许……，你要是……我可不干"，他刚刚还说了什么别的吗？那么，他是怎么了？他这些话和动作如果是密码，密码背后代表的意思是什么？他到底想对我表达什么？

晓楠也可以审视自己的内在状态：我怎么了？我为什么一下子就准备战斗了？我以前对嘉文的理解去哪儿了？刚刚的那个场景让我回想起什么吗？有什么是我所熟悉的危险气味吗？我是不是把他和我曾经认识的某个人等同起来了？

在暂停下来之后，我们或许还无法冷静地问出那么多具有心智化能力的问题，不必担心，毕竟，我们的心智化能力需要在这样的过程中不断发展。在一开始试着这样做的时候，我们能够拉开的空间很有限，随着发展，我们会拉开足够大的空间，供我们进行心智化。

不管能拉开多大的空间，暂停会给我们提供第三个点，这是从没有空间到具有空间的飞跃。暂停能让我们注意到曾经被迅速跳过的部分，而那个部分就是我们自己和对方的心智状态。这样，我们就不再只是看似在沟通，实际却被自己的内在世界囚禁了。

暂停，让我们看到彼此。

▶ 进阶应用：发起交流时也需要暂停

温宁发现，时隔多年重新和妈妈生活在一起之后，他经常因为妈妈跟他说话而感到厌烦，他甚至克制不住地朝她大吼大叫。温宁自己也非常讨厌这种状态，他既讨厌和妈妈的关系因此变得不愉快，也讨厌这个只会大吼大叫的自己。只是，他不知道为什么自己会变得如此烦躁，他也觉得自己这样挺过分的，明明当初他也是为了能多陪陪妈妈才邀请妈妈搬来一起住的，可如今关系却闹成这样。这种状况让他感觉很无力。

经过了一段时间的心智化练习后，温宁对人际互动中心灵内部发生的事情更感兴趣了。他逐渐发现，自己之所以经常由于妈妈而感到烦躁，是因为妈妈总是选择在他忙碌的时候和他交谈。例如，在工作日的早上，温宁刷牙洗脸的时候，妈妈会站在卫生间门口开聊。通常为了多睡一会儿，温宁会充分利用早上的每一分钟。当他洗漱的时候，水声让他根本听不清妈妈在说什么，可如果停下手上的动作去听，又会让他原本就非常紧张的时间继续压缩。而妈妈聊的话题往往并不紧急，甚至只是一些亲戚邻居家的琐事，对温宁来说和他没什么关系。因此，这让赶着上班的温宁非常烦躁。或者，当温宁晚上在家里加班时，他正在绞尽脑汁、全神贯注地写文档，妈妈却会一边收拾房间，同时随时想起什么就跟温宁聊起来。这样，温宁的思绪会被干扰，甚至可能被打断。温宁理解了自己的烦躁，他知道自己并不是无理取闹地对妈妈发火，知道这一切并不是因为自己是个差劲的坏人。他不再感到那样无力了。

即使在事件发生的当下，我们无法立刻暂停，也可以像温宁这样，在事后慢慢地停下来，跳出那个充满激烈情绪的漩涡，就像看影片一样，回顾之前的情景，思考自己和他人之间到底发生了什么。这样，即便在下次遇到类似事件时，我们虽然可能在强烈情绪的裹挟下做出应激反应，但我们已经开始理解发生了什么。看到了彼此，就不会再被完全囚禁在自己的世界里。

别忘了，在人际互动链里，"理解"和进一步的"行动"是不同的环节。我们不必要求自己一下子就能采取"正确的行动"，"成功理解到了"已经是一个巨大的进步。

当温宁进一步试着从妈妈的角度来理解的时候，他明白了，原来妈妈是太希望跟儿子建立更多的联系，所以，她会在自己闲下来的任何时候，只要能抓到温宁，就跟他交流。假如妈妈拥有一个暂停键的话，她就可以在主动发起交流之前，先暂停一下，观察温宁的状态，了解温宁正在做什么，他忙不忙，他的思绪是空闲的还是正在被其他事情占据。不过，温宁的妈妈还做不到这一点，她的内在渴望太过急切，以至于完全没有注意到温宁的状态。结果，这种主动接近、想要沟通的行动，并没有真正成为两个人之间的有效互动。

为了解决存在的问题，温宁从两个方面做出调整。一方面，他尝试告诉妈妈，为什么在有些时刻他没法陪妈妈说话，甚至会表现得烦躁。另一方面，为了满足妈妈想要交流的愿望，温宁尽可能调整了自己的日常计划，安排了可以跟妈妈聊天的时间，例如，在可以回家吃晚饭的日子里，他不再一边吃饭一边看群消息、处理工作事务，而是专心和妈妈一起悠闲地吃饭，听妈妈聊一些"无关紧要"的琐碎话题。

通过掌握提高心智化能力的第一大口诀，"暂停、跳出，思考对方怎么了／我怎么了"，温宁和妈妈修复了关系，他们的生活也不再被沉重和争吵所充斥。

如果你也想要改变自己的生活，不妨从牢记这句口诀开始。特别是在你情绪反应强烈、容易被情感席卷的时刻，学会及时按下内心中的暂停键是十分必要的。为了做到这一点，请你在平时就通过想象力创建出专属于你自己的暂停键。

请记住，按下暂停键的目的，并不是你因此能获得"正确的理解"，而是让你不再被自己的世界所囚禁，真正地看到自己，也看到对方。

▶ 健心房 1：口诀一的思考题

你已经比较熟悉我们的口诀一了，那么，看看下面的情景，试着使用口诀一，按下暂停键，跳出，思考一下吧。

题目

多年未见的老同学带着她的小女儿来你的城市旅游，你们约在咖啡馆见面。你对这个三四岁的小女孩很亲切，她似乎也挺喜欢你的。当你和老同学聊天的时候，小女孩在你们的桌子旁边跑来跑去。话题有时候会落到小女孩身上，老同学说："看吧，她就是总也坐不住，不像别的孩子那么踏实，她可不好带。"小女孩冲到你的面前，像个小狮子似的，双手做出爪子的样子，说："嗷呜！我吃了你！"老同学连忙制止："不可以这么不礼貌！快说对不起！"小女孩对妈妈的话置之不理，继续冲你低声嘶吼。

面对这样的场景，你会想要做出什么反应？

如果你按下暂停键，会怎样思考在你心中发生了什么？在小女孩心中发生了什么？

解析

思考题并没有所谓唯一正确的答案。不过我们可以试着一起来思考一下可能的思路。我把你可能的反应和对此的理解留白，开放地留给你来思考。让我们一起来试着理解一下小女孩的行为。如果你能想到更多可能性，那就更好了。

我猜（这是我试图对正在阅读这本书的你进行心智化），你比较容易想到小女孩的行动是对妈妈的行动的反应。她听到了妈妈对自己的抱怨，可能也看到了你对她妈妈抱怨的迎合，因而她感到不高兴，所以化身成小狮子，对你发起一波攻击。接下来，她的妈妈并没理解她的不高兴，反而继续批评她，这让她发起了进一步的攻击。

引发小女孩反应的，可能也有她被忽视的感受。她希望能够充分得到你们的关注，不管是妈妈，还是对她亲切的阿姨或叔叔。特别是在这个陌生的城市里，她更需要被关注着。

不过，不知道你注意到没有，小女孩的行动是说要吃了你。怎么理解她这个特定的行动呢？

"吃掉"，我觉得是个具有丰富内涵的行动。在此我只想请你聚焦在这一点上：吃掉，尽管极具攻击性，但和"杀了你""打死你"不一样的是，"吃了你"是让你成为我的一部分，让你进入我的内部，同时，也认可了你是可以吃的（有滋养作用的）。所以我想，在小女孩的行动中，也有一部分在表达她想要接近你，承认你有好的部分。只不过这种表达，是以"凶残"的方式呈现的。

我们在这里说的是小女孩的例子，如果延伸思考一下，你有没有发现，有时身边的成年人也会使用这种方式，用凶巴巴的方式表达着对你的认可呢？

说到成年人，那你怎么理解老同学批评女儿，要女儿给你道歉呢？是因为她们的家庭教育中一贯强调礼貌吗？是老同学对攻击性的表达持零容忍态度吗？还是老同学希望女儿给你留下好印象？又或许是她对女儿打断你们的谈话感到不快？抑或是单独带女儿出行，已经让她疲惫不堪了？

要对这些可能性做出判断，回看这段情景时，你又需要关注哪些细节来帮助你理解呢？

请你进一步思考这些问题吧。如果你愿意，可以把这些思考的内容记录在下方。

_____

_____

_____

_____

_____

_____

_____

第三节 口诀二：别人不懂我，这才是正常的

▶ 信息的传达往往不像自己想象中那么清晰

口诀一主要针对的是我们的快速反应。你已经从那些例子中看到了，快速而非心智化的反应，在关键时刻，往往会让事情的结局与我们原本的目的背道而驰。

现在，让我们把焦点放在发出信息的这一方。让我们来设想一下，当晓楠对嘉文的评论表现出应激反应，质问他"你什么意思"的时候，为什么嘉文的主要感觉是很困惑，认为晓楠莫名其妙，甚至认为晓楠毫无理由地无理取闹呢？

除了晓楠的反应也可能激发出嘉文的应激反应之外，一个可能的原因是，嘉文压根不知道自己发出的信息对晓楠来说是加密的、模糊的、矛盾的。嘉文没有注意到自己内心中的声音其实是："我明明是在跟她说我有多爱她，这个事实再清楚不过了，所以她的反应毫无理由，完全就是她单方面的无理取闹。"

嘉文认为自己的举动清晰易懂，对方绝对不可能误解。但是，事实上有不少时候，我们的语言和行动，虽然在我们自己心中显得清晰易懂，但在他人看来却是模糊不清的，甚至因为每个人独特的背景和经历，我们所传达的信息有可能被对方解读为截

然不同的内容。但当我们深信自己传达的信息十分清楚，别人肯定能懂的时候，就会因此带来我们的困惑，甚至对他人的不满，引发沟通中的冲突。

这时，就要用到我们的第二大口诀了，请默念：别人不懂我，这才是正常的。

▶ 原理：心智并不透明

在嘉文看来，自己的心智世界已经通过自己的行动清清楚楚地表现出来了，可对晓楠来说，这却是一种加密信息。不容忽视的是，"人心隔肚皮"这句话是有一定道理的，毕竟我们的心智并不是透明的。我们的所思所想必须通过动作、语言、表情、姿势等方式才能表达出来，而非透明的状态。

回顾前文，我们曾经分析过，嘉文的表达并不完全直接。还记得吗？嘉文说："还是咱们这样软乎乎的，靠着舒服。可不许过度追求瘦啊，你要是也减到那么瘦，我可不干。"需要特别留意的是这段话的后半部分。

在嘉文的内心里，是在用这样的措辞彰示彼此之间的默契和亲近程度，他觉得和恋人晓楠已经达到了十分亲近的状态，那是一种彼此紧密融合的感觉。然而，嘉文使用的句式是"不许……，你要是……我可不干"，这是反向的表达形式，这使真正要表达的信息变得隐晦，如同被加了一层密码。相比于直截了当地陈述"我喜欢……我希望你……"，这种反向的表达更容易造成误解。因为嘉文真正的内心感受是："我真的喜欢你现在的状态，保持现在的样子就好，我不需要你完美，我爱这样的你，让我们一直这样亲近下去吧。"但是，经过反向句式的修辞包装，所传达的表面信息却变成了"我不允许你……我对你有要求……如果你做出某些行为，我是不接受的"。

如果说嘉文真正想表达的感受是一件非常珍贵的礼物，那么他的表达方式就相当于在这件礼物的外部包裹了一层丑陋的包装纸（至少在晓楠看来是丑陋的）。当然，如果晓楠能够成功地打开这层包装纸，那么她会为其中隐藏的礼物而感到欣喜。然而，这层包装纸对于晓楠而言太抢眼了，以至于她无法忽视它，而去解开包裹的秘密。

所以，当我们发出信息时，特别是在一些关键的时刻，在发出重要信息时，应该用直接的方式来陈述。我们要为自己精心准备的最珍贵的礼物，提供一个同样美丽的包装。

▶ "不能完全理解"是心灵的一项事实

即便我们学会了直接地表达重要信息，即便我们尽了最大努力去表达我们的情感和想法，但对方要怎样接收、怎样感受、怎样解释，仍然是不可控的事情，甚至是个挑战。因为每个人的经历、价值观都是独一无二的，所以其他人不可能完全理解我们。

你是否曾试过向别人讲述你的梦境？或许你梦到了一个绮丽的仙境，那个梦让你感觉无比舒适，你觉得这梦里的仙境实在太美了，你也想邀请你最好的朋友一起来分享这种感觉。你竭尽所能地向他描述，梦中的仙境在你的脑海中依然十分清晰，因此你可以借助语言（或绘画）来描述细节。就像曹雪芹可以用文字来描绘贾宝玉梦游太虚幻境一样，你也可以将你的梦境描述得非常生动。但如果你曾这样试过，你就会发现，尽管你可以把那个画面描述得十分生动，但仍然感觉少了点什么。哪怕对方是你最好的朋友，已经对你相当了解了，但你仍然难以把梦中的那种舒适感完整地传递给他，让他也体验到同样的舒适感。结果就是，你很想和朋友携手同游仙境，你也竭尽所能地描述给他了，但还是难以把他邀请到你头脑中的那个美妙的世界里。

这是因为内在体验是非常私人的体验，我们永远都无法完整且毫无偏差地理解另一个人，或被另一个人理解。这是关于心灵的一项事实。

　　"希望有谁能完全懂我"，这是我们心中最原始的呐喊，是我们最理想的追求，我们每个人内心的最深处都有这样的渴望。这种渴望也是一个事实，渴望本身没有所谓好坏对错。我的意思是说，我们最好能接受自己有这样的渴望，同时，也接受在现实层面上，这是永远不可能被满足的。

　　当我们能够接受这一点之后，当别人并不懂你的时候，你可能会感到失望——当任何渴望得不到满足时，我们都自然而然会体会到失望，但是，这种失望虽然让你不爽，却是可以承受的，不会让你感觉糟糕透顶。

　　他不懂我，这并不等于世界末日的到来，并不意味着他不爱我，也不代表我们的友谊破裂了。这只是一件普通的事情，或者说，顶多是他犯下的普通的错误。

　　甚至你可以这样想，别人不懂我，这才是正常的。**别人完全懂我，这也太不正常了！**

　　想想那些声称完全懂得另一个人的例子吧。例如某个妈妈说："我还不知道你？我对你可太了解了，你一眨眼，我就知道你要冒什么坏水！"这种被另一个人了如指掌的感觉其实令人恐惧。这简直就像是孙猴子逃不出如来佛的手掌心一样。在完全被另一个人了如指掌的状况下，我们会失去自己作为人的独特性。

　　别人不懂我，这是很正常的现象。那么，这是不是说明我只能孤独地在自己的内心世界里挣扎，根本不要奢望别人的任何理解呢？

并非如此。很多人以为，心理上的成熟意味着全然的独立，意味着不需要别人了。**其实，真正的心理成熟，意味着能够容纳矛盾，即可以允许两种相反的事物、现象、观点待在同一个碗里。**既保持人格的独立，又能够依靠别人；既明白不存在完全的理解，也知道人可以在不同程度上分享自己的内心。

在口诀二的帮助下，我们可以用心智化的态度，思考如何更清晰地表达自己，如何避免引起他人的理解混乱。当遇到对方不理解我们的时候，我们不妨停下来，回顾自己的表达方式，尝试用不同的方式再次表达。

例如，当嘉文觉得"我明明是在跟她说我有多爱她，这个事实再清楚不过了，所以她的反应毫无理由，完全就是她单方面的无理取闹"时，他的想法是，晓楠理应完全懂我的意思。可以说，此刻他就将自己封闭在"有谁能懂我"的渴望中了。在那几条连续的人际互动链中，嘉文都被他的这个渴望所困住，所以，他的感受一直是困惑的，他一直觉得晓楠莫名其妙，甚至认为晓楠总是毫无理由地破坏气氛，因而感到委屈、失望、愤怒。这就是需要默念口诀二来帮助自己渡过难关的时刻。

如果嘉文能够想起"啊，她不懂我，这才是正常的"，不再预设晓楠一定能懂，那么当他暂停下来，回顾两人之间发生了什么的时候，就可以重新审视自己的表达是不是有不妥之处，以及思考是不是还有其他方式，可以帮助晓楠更容易理解自己的意思。所以，在链三–1，嘉文很可能就不再只是说"啊？没什么意思啊"，而是可以向晓楠解释"我的意思是……"。晓楠也许仍然不明白，或者她仍半信半疑，但她不会再因为觉得嘉文敷衍自己，而感到失望和委屈。嘉文和晓楠，将不会再背道而驰，而是一起走上试图理解对方的那条路。

▶ "别人一定懂我"的信奉者们

在我们的周围，有一些人固执地认为"别人一定懂我"。他们对"有谁能懂我"的渴望太过强烈，以至于对别人没办法懂自己的事实视而不见，就这样，他们被囚禁在自己创造出的心灵幻象之中。

以启辰为例，在短短两个月内，他已经辞退掉三位实习生了，而新来的这位也让他不满意。他向同事们抱怨："这个实习生简直太蠢了！我周三要跟客户开会，周二就把方案和 PPT 模板发给了他，这不明摆着就是要他按照那个制作一个 PPT 出来嘛！结果我到了周三上午问他，发现他居然什么都没做！惹我这一肚子气！害得我只能自己赶 PPT。结果快到中午，他竟然还问我要帮我点什么午饭。他就看不到我有多忙，这么点小事不能自己动脑子想想吗？我说：'不吃，减肥！'他竟然还当真了，只给我点了一盒沙拉。你说这不是傻吗？！"

在启辰制造的心灵幻象中，别人理应完全理解他，这是不可撼动的。如果对方不明白，那必然是对方的错。无论是对方愚蠢、不专心听、水平不够，还是嫉妒自己而故意与自己作对，总之，一切都归咎于对方。通过这样的方式，启辰维持着"别人一定懂我"的心灵幻象。也正因为如此，启辰从不考虑自己需要做出任何调整。

像启辰这样的人并不在少数，他们在工作能力和效率方面没有问题，但遗憾的是，由于不能以更心智化的方式与人相处，他们往往成为职场上的独行侠，既培养不了新人，也难以与他人合作，因此会遭遇职业上的瓶颈，制约他们专业能力的发挥。

我们再来看一看李飞的例子。和李飞交谈常常让人感觉有些疲惫，因为他说话经常没头没尾的。例如，他可能跟你说："上个月我不是请了三天假去洛阳了嘛，结果后来我不就病倒了嘛……"他的语气仿佛你对这些信息早就知道得一清二楚了。

可此时的你却想说："等等，我根本不知道你请了三天假啊，我也不知道你去过洛阳，啊，怎么我所不知道的信息还没完，那病倒又是怎么回事？"

但是，你的这些疑问还没来得及问，李飞就已经继续往下说了，他没给你提问的机会，也没察觉到你的困惑。他的语气就仿佛你一直都知道所有这些信息，甚至不是你"应该"知道，而是你"就是"知道。

通过这样的方式，李飞为自己制造了一个强大的幻象，在这个幻象里，别人自然而然地懂得他，这一点是绝对不容置疑的。李飞决不允许"不懂得"进入他的内在领域，所以你往往发现，当他带着一种"你当然知道"的态度说下去时，你会觉得很难再开口问前面的问题，甚至你不得不假装自己已经了解的样子，否则就太尴尬了。不知不觉间，你也配合了他制造出的幻象。

如果这种情况仅仅是偶尔在朋友间交谈时出现，也许影响不大。不过，如果这种沟通方式成为常态，他经常性地待在这些幻象里，那么他和别人的谈话仍然是单方面的自说自话，这样，互动也就不再是互动了。

▶ 健心房 2：口诀二的思考题

"别人不懂我，这才是正常的"，这是蛮挑战我们的常规思考的一句口诀。当我们的常规思考被挑战时，我们的思维会在两个视角之间切换，导致有时感到困惑。为了帮助你更好地掌握这条口诀，让我们一起来思考下面的题目吧。

题目

当我们谈到怎样获得心智化能力的时候，我曾说，一个人需要体会过被别人装进心里。一个宝宝，需要他的照料者把他的心智状态解释给他听，例如："宝宝，你打哈欠了，看起来好困啊，想睡觉了……"

你也许会有这样的疑问：但是你现在却说，别人不懂某个人，这才是正常的。那么，当妈妈对孩子说："宝宝你困了，你想睡觉了。"妈妈怎么可能完全无误地知道宝宝是不是真的困了啊！这是在帮助孩子进行心智化吗？还是在给他洗脑？

对于这个问题，你有什么思考吗？

解析

这是一个非常考验心智化能力的问题。

对这个问题，我们不能给出一个简单的答案。或许你已经发现了，心智成熟的标志就是承认复杂性，不给出简单化的答案。

在面对这个问题时，我们需要"暂停一下"，回顾妈妈和宝宝互动时的细节。我们不仅要看妈妈的行动，还要去尝试理解她行动背后的整个心理状态。

通过妈妈的语气、语调、态度、措辞等，我们可以试着推测出，妈妈的态度是绝对化的，还是知道自己不完全知道。

如果妈妈的态度是不容置疑的，她会说："宝宝，你（就是）困了，你（就是）想睡觉了！"这种态度表现出，她认为自己完全了解宝宝，没有其他的可能性。这个妈妈对自己的理解过度肯定了，她认为自己完全是懂的。那么，对孩子来说，妈妈的态度太过侵入，以至于剥夺了孩子自己的独特性和主体性。

但如果妈妈的态度是试图理解孩子行动（打哈欠）背后的心理状态，她的语气更柔和，她会说："宝宝，你打哈欠了（告诉宝宝原因，帮助宝宝进一步心智化），我觉得你困了，你想睡觉了，对不对？"这样，她给她的理解保留了一些空间。无论事实上这个妈妈有没有说出最后那句"对不对"，一个妈妈如果在态度上能够保留"也许我想的不一定对啊"的空间，那么她就是在使用我们的口诀二，她知道，她有可能误解了她的宝宝，并认为误解是很正常的。她为自己的误解做好了准备，如果理解错了，那就换个角度再尝试理解。如果妈妈采取的是这种态度，那么她就是在帮助孩子进行心智化。

心智化，并不意味着要成功地正确理解对方，而是试图去努力理解，并且为可能的误解保留空间。

第四节 口诀三：把"肯定"换成"可能"

▶ 突破绝对化的思维壁垒

在上一节的思考题里，我们谈到，如果一个妈妈的态度是不容置疑的，她认为自己对孩子的理解就是唯一正确的，那么这是一种非心智化的状态，这种绝对化的态度也无法帮助孩子获得心智化的发展。

同样，在嘉文和晓楠的互动里，也有这种绝对化的情况。

当晓楠说"你什么意思"的时候，从她的语气里我们能够推测出（这是作为读者的你对晓楠的心智化），她并不是真的在询问，而是在指责、质问。晓楠内心真正的想法是，他肯定对我不满意。随着故事的发展，晓楠更加坚定了这个信念：他绝对是对我不满意的，他在等着机会跟我分手。

那么嘉文怎么样呢？嘉文从一开始的困惑和无法理解，到了链五-1，也采用了绝对化的方式："你总是这样，好日子不会好好过！"

绝对化、过度肯定、全盘否定、过度概括、以偏概全、非黑即白的"二极管思维"……当我们将这些标签贴在这种思维方式上时，你应该会更容易识别它们的隐患。不过在日常生活中，我们有时候会在自己不自觉的情况下，采用这样的思维方式。因为现实的互动往往很复杂，并不是很简单就能看明白的。

在这种情况下，就需要我们默念口诀三：把"肯定"换成"可能"。

当然，我的意思并不是说，只要在语言层面上，把句子里的"肯定"换成"可能"就万事大吉了。因为心智化的核心就在于行动（这也包括语言）背后的内在心理状态。如果在内心里绝对化地执着于某个信念，却只是在表面上使用话术说"可能……"，那么这种表达恐怕要么很虚假，要么是阴阳怪气的。

但我们可以从语言层面上的自我提醒开始入手，这样可以减轻认知上的负担，让口诀可以更容易帮到你。

▶ 原理：事物有多种可能性

由于心灵是不透明的，所以我们不可能百分之百地完全懂得另一个人。自然的，我们也不能绝对地说，自己对事物的认识就一定是正确的，或者是唯一正确的。

知道自己对一件事情有可能不知道，这是具有高度反思性的心智化的态度。

这并不意味着要陷入不可知论。我们可以说，"我觉得这件事情极有可能是这样的"，或者，"我猜他是这样想的"，当我们使用"我觉得"或者"我猜"的时候，已经意味着我们知道，这些仅仅是我们的想法，而不一定是唯一的客观事实。

有时，一件事同时存在着多个正确答案。就像我们都熟悉的盲人摸象的故事，有人说大象长得像柱子，有人说像蟒蛇，有人说像大扇子，有人说像一堵墙。他们的结论都是从自己真实的实践经验得来的，从每个人能够认识到的角度来看，这些答案都是正确的。在我们的生活中，类似的情况随处可见。例如，一件事，我是出于善意而做的，而你感觉到非常受伤。这两者可能都是事实，可以共存。我们不需要为了承认我是善意的，就必须消灭掉你的感觉；也同样不需要为了保护你的感觉，而彻底否认我的动机。如果有第三个人，因为我们两个之间的分歧而感觉到痛苦，那又是第三个同时存在的事实。

谨记口诀三，就是为了在关键的时刻提醒我们自己，事物都有可能存在多个角度和多种理解，即使我的某种理解恰好与对方的理解相符，那也只是我的理解而已，我们是各自独立地得出个人的理解，只是有些时候恰好一致。这同样是让我们对信息持开放态度，不要被囚禁在自己的世界里。

▶ 绝对化的判断来自我们所持有的"心理地图"

当嘉文以宠溺的语气对晓楠提出期待，希望她不要追求以瘦为美时，晓楠迅速感到愤怒，认为嘉文肯定是对自己不满意，甚至要找机会抛弃自己。同样在快速反应之下，如果换成另一个人——我们称她为"大楠"好了——可能会有截然不同的反应。大楠或许会立刻喜不自禁，觉得自己就是魔镜所说的世界上最漂亮的人；又或许大楠会觉得，嘉文是情人眼里出西施，因而感受到爱，并且能够回应嘉文浓浓的爱意。

晓楠之所以会迅速采取她那种绝对化的态度做出判断，而不是像大楠那样，是因为晓楠和大楠所持有的心理地图不同。

这里所说的心理地图的意思是，我们心理内部已有的知识形成概括化，用来理解新的信息。地图不是照片，它是高度概括化的，是由过去的经验勾勒而成，虽然只是粗略的线条，但它能够迅速指引方向，特别是能够很快地将人引向他所熟悉的地方。你也许听说过一些不同的心理学术语，尽管角度不同，但它们描述的是类似的概念。例如，心理学家让·皮亚杰所使用的"图式"，或者依恋研究者习惯使用的"内部工作模式"，等等。

我们的心理地图中最核心的部分是关于我们自己的存在的。例如："我是值得被爱的""没有人会爱我""我是有价值的""我不配""这个世界是安全的""这个世界超级可怕""如果我受伤了，会有人来保护我""如果我受伤了，别人会更加嫌弃我"，等等。

晓楠拿到的心理地图可能是，"别人迟早都会离开我"，或是"没有人会爱我"。尤其是在强烈的情感被激发时，晓楠会无意识地根据这张心理地图快速做出反应。

我猜你也许会问："那也就是说，都是童年阴影惹的祸？"

这样说，也对，也不对。

说"也对"，是因为我们的心理地图的确是由过去的经验建构而成的。就像地理上使用的地图一样，我们手中的地图，哪怕是电子地图，能够不断更新，但也必然是在过去的某个时间点上绘制和修订的。说"也不对"也是如此，我们使用的地图并不是古代地图，而是在不断更新中。不过，地理地貌的大致样态，可能跟几百年前的变化不大，如今的河流改道、城市道路建设等，虽然发生了巨大变化，但仍然建立在最基本的地理地貌的基础上。

心理地图也是如此。我们不能简单地将其归因于是童年阴影造成的，我们一直在与世界互动，不断更新着自己的心理地图，只不过，更早的经验塑造了我们心理上的基本地貌，往后的经验要在这个地貌上再进行修改。另外，有时，当我们被囚禁在自己内部的世界时，就像我们手上的智能设备失去了网络连接，没办法实时利用外在的信息来更新自己的地图了。

▶ "心理地图"，成也萧何败也萧何

按图索骥地进行绝对化判断，在某些情况下，能够给我们带来便利，它让我们不需要深入思考，避免消耗能量。例如，在前文提到的情境中，在深夜的陌生城市里，你凭直觉调用了"世界很危险"的心理地图，在你的大脑做出"绝对是有危险"的判断之前，你的身体记忆就已经开始发挥作用了。这种时候就先不要耗时耗能地思考其他可能性了，先迅速逃跑了再说。

利用心理地图，也能让我们使用直觉，高效地做出判断。例如，"这个人一看就是渣男""这家公司从进门的第一眼看来就很气派，保准不错"。不过，高效的代价是有可能带来隐患。

心理地图是非常有用的工具，问题在于我们是不是被心理地图管得死死的，成了心理地图的囚徒。我们用地理上的地图也一样，哪怕有了 GPS 定位，再好用的地图也有把我们带到死胡同里的时候，如果我们被地图囚禁了，一味跟着地图往前冲，就会撞得头破血流了。

使用地图的隐患在于，如果我们坚信地图是唯一正确的，只盯着地图看导航，不留心周围环境，那最终会搞得自己遍体鳞伤，也会撞伤其他路人。如果坚信自己利用心理地图得出的结论是唯一正确的，结果会陷入偏见、误解和矛盾之中。

例如，如果我手里的心理地图是"总有刁民想害朕"，并且我

坚信这张心理地图，那么无论有什么好事落在我头上，不管是中了奖、别人送了美食给我，还是老板要给我升职，我都不会安心接受，而是疑神疑鬼，觉得其中肯定有什么阴谋，并且越琢磨越觉得可疑。需要注意的是，这并不是说我在意识层面上知道我有这张心理地图，更多时候，心理地图的存在与否、心理地图的内容，以及我们对心理地图的坚信程度，都在我们的意识之外，潜移默化地影响着我们。

然而，也并不是说坚信"世界是安全的""人们都是善意的"这种心理地图就能让我们一直幸福快乐。白雪公主可能就有这样一张心理地图，所以她毫无戒备地吃下毒苹果。如果她不是童话故事的主人公，可能她的人生故事到此就结束了。绝对化地坚信"爱"，跟绝对化地坚信"恨"一样，都是偏执的。

▶ 开放和多元视角，变"肯定"为"可能"

陷入绝对化的人，相信自己的观点是唯一正确的，于是关闭了接收其他信息的通道，这就相当于囚禁在自己的内在世界里了。一旦被自己囚禁，我们会僵化地坚持自己的观点，并且只寻找能够支持这个观点的任何蛛丝马迹作为证据。例如，当晓楠认定嘉文就是要抛弃自己时，她不仅会把迄今为止所有嘉文不够热情的行为视为证据，并且也会把一些原本中性的行为解释为抛弃的迹象。换句话说，一旦认定了某个观点，哪怕事实并非如此，陷入绝对化的人，仍然会徒劳地搜集证据来证明自己观点。他们已经被自己的观点囚禁了，无法打开牢门，寻找其他的角度看问题。这也是为什么和这类人争辩只会让我们越来越感到绝望的原因。

绝对化的人常用的措辞包括："你肯定……""你总是……""你从不……""你完全……"，这里的"你"可以替换成其他主语，甚至替换成"我"。

除此之外，他们也常常用不可改变的个人特征、文化背景、种族特性等来归因某类人的行为，例如："女人都爱……""男人都是……""还不是因为他是处女座"。

要离开绝对化的牢房，首先我们需要关注自己使用的语言是不是绝对化的。 例如，你以前习惯的说法是"她肯定是渣女，看她的样子就知道了"，那么稍微开放一点的说法可以是，"我觉得她肯定是个渣女，看她的样子就知道了"。正如前文所述，加上"我觉得"这个短语，已经在客观事实和个人主观判断之间有所区分了。如果能再开放一点，把"肯定"换成"可能"，把说法变成"我觉得她可能是个渣女，看她的样子就知道了"，那么，判断的绝对化程度就小了很多。

为了把"肯定"换成"可能"，我们还可以问问自己，这个结论是怎么得出来的？

"看她的样子就知道了"，更具体一点呢？看她的哪种样子知道的？是服饰打扮、还是姿态？为什么那种样子就意味着她是渣女呢？

另外，我们还可以试着切换到其他角度去看待问题，问问自己，还有其他可能性吗？

最后，当其他人提出不同观点的时候，我们要保持开放的态度，把对方的观点视为一种可能性。**记住，我们不需要和人争辩到底谁的观点是对的，我们的观点可以和对方的观点共存。**承认对方观点是一种可能性，并不意味着我们要缴械投降、被迫放弃自己的观点。尊重对方的存在，并不意味着要抹杀我们自己。

▶ 健心房 3：口诀三的思考题

每个人都有自己的心理地图，特别是在情绪激动的时候，我们容易快速反应，也容易按照心理地图的引导，做出绝对化的判断。在一些关键的时刻，这会造成人际上的阻碍，导致矛盾和冲突。所以，别忘了在平时也练习我们的第三大口诀：把"肯定"换成"可能"。这不仅是语言层面的话术，更是我们内心层面的开放，它让我们从自己的囚牢中解放出来。

那么，让我们来看看下面的这个情景，思考一下，你会如何脱离绝对化思维，把"肯定"变成"可能"呢?

题目

你的同事宇尘平时是个热心肠的人，他乐于帮助人，也喜欢和同事聊天，见到你，宇尘总是主动打招呼。这周一上班，你发现他没有以前热情了，你跟他打招呼，他好像也爱搭不理的。你问他周末过得怎么样，他也只是含糊地回答"嗯，就那样呗"。

于是你开始怀疑了：这一定是因为上周五的策划会上，我没有全力支持宇尘的方案。再往下一想，你觉得这下可全完了，你们俩的革命友谊就此宣告终结。

"可是，等一下!"你对自己说，"别忘了暂停、跳出，让我再重新思考一下!"

所以现在你让自己暂时停了下来，你也想起了口诀三，因此能告诫自己，不要下绝对化的判断。

那么你要怎么样把"肯定"变成"可能"呢?你能想到哪些可能性?

解析

你可以对自己的观点进行反思，这包括但不限于以下内容。

- 是什么让我得出"全完了"的结论的？

- 这些证据足够得出这个结论吗？

- 有其他相反的证据吗？

- 同样的证据有可能得出其他结论吗？

- 是什么让我首先想到这个结论的？这有我内在的原因吗？
  也就是说，我拿着一张什么样的心理地图？

此外，你也可以对宇尘的举动做进一步的思考，你可以试试看，天马行空地列出宇尘的反常行为的所有可能性。

试着把你想到的任何可能性都列出来。

_____

_____

_____

_____

_____

_____

_____

以下是一些例子，我非常期待你会有不同的想法。

1. 宇尘可能遇到了一些令他心烦的事情，例如家庭问题、财务问题、感情问题，等等。

2. 也许他这个周末非常疲惫，以至于不想说话。

3. 可能他昨天失眠了一整晚。

4. 他可能有一件非常紧急的任务，所以他满脑子都想着那件事。

5. 他也许突然迷上了某个新的爱好，以至于无法顾及其他任何事了。

6. 宇尘也许正在考虑离开你们公司。

7. 可能他在周末遇到了一些不方便和同事分享的事，因此他回避交流，那些事也许是令他痛苦的，也许是令他焦虑的，也许是令他羞愧的，等等。

8. 也许他参加了某项修行活动，那要求他保持止语，少说话。

9. 可能他正在经历身体不适，如头晕、咽喉痛。

第四章

心智训练：获得更满意的生活

04

第一节 亲密关系更贴心

▶ 应用场合一：选择爱的对象

糊涂的爱

在心理咨询室里，我时常听到人们发出这样的感叹："我不知道怎么就选了他（她）""我糊里糊涂地就跟他（她）在一起了""我当初怎么就选了他（她）呢！"

在心理咨询中，当我们的心智化能力提高后，再去探索对爱人的选择的时候，我们往往发现，自己并不是在"不知道""糊里糊涂"中选择了那个人。实际上，我们的选择可能是靠着过去的经历做出的。或者，我们曾经以为的原因，并不是内心当中真正的原因。真正的原因，往往需要经过深入思考，才能浮出水面（被心智化）。

也就是说，我们原本有机会改变人生的剧本，选择一个和自己匹配、安全、能够相互促进的伴侣，或者，如果我们没能那么幸运地找到合适的人，至少我们有机会避免让一个充满威胁、会带来伤害的人进入自己的生活。然而由于缺乏心智化，我们把这个机会拱手让出了。

我们内心中，最根深蒂固的心理地图往往存放得很深，尽管它影响着其他一切外在决策和表现，但在没有进行深度心智化思考的情况下，我们很难发现它。

假如我的心理地图是："我没有价值"，那么，这个信念可能会进一步延伸，让我坚信："任何有价值的人和事我都不配得到，也根本不可能得到。"这些核心的信念经过岁月的层层包装，可能已经让人看不清它本来的样子了。因为，为了摆脱内心的痛苦，在几十年的岁月里，我拼命努力地提升自己，让自己看起来有价值，但这些努力就像在打游戏的时候，靠给自己外挂上很多厉害的装备而让自己变得强大一样，在核心的感受里，那些装备并没有长在我自己身上，因此隐藏得极深的心里地图"我没有价值"并没有发生变化。虽然我渴望爱和被爱，但"我没有价值"的信念始终纠缠并影响着我，尽管它看不见抓不着。所以，当一位真正有价值、能够带来安全感的人出现时，那些在我意识之外的"我不配得到"就被激起。这种感觉实在太令人痛苦和绝望了，因此，我会寻找各种理由来证明对方并不是合适的对象，以避免和他（她）建立亲密关系；或者，即便我们开始了亲密关系，在我的心理地图的驱动下，我也势必会把一切搞砸。

在地理上，同样的地貌，可能由于纬度的高低、水域的多寡、土壤成分的不同、人类活动等原因，而呈现出不同的风貌。我们的内心也是如此，例如，尽管最核心的"我没有价值"是相同的，但在不同人的身上，展现出来的样子以及人际关系也会有千差万别。例如，同样在"我没有价值"的无意识驱动下，我可能在亲密关系里表现出的不是退缩，而是很霸道，每件事都必须由我说了算。也可能在同样的信念的驱使下，我一次次地遇到"真命天子"，但他们都是不太可能和我在一起的人，例如有妇之夫，或者远隔重洋、难以一起生活，通过这样的方式，我或许防备住了对自己的鞭挞——看吧，不是我没有价值，是造化弄人，我命太苦矣。微妙的是，通过这种方式，我既否认了自己没有价值，但同时也再一次证明了自己没有价值。

不进行心智化的风险在于，当我发现一段关系错了，或者发现选错人了，决定从头再来的时候，如果没有发现自己的心理地图，那么下一次，再下一次，哪怕换了一种形式，仍极有可能最终发现又错付了。

因为重点不是选错了对象，也不是那段关系错了，而是选择的过程错了。

这些错误的选择，是在未经思考的情况下，被心理地图驱使着做出的。因此，我们实际上仍然是自己内心的囚徒。

波兰女作家维斯瓦娃·辛波斯卡在她那首著名的《一见钟情》里写道：

他们素未谋面，

所以他们确定彼此并无任何瓜葛。

当我们成为内心的囚徒时，我们对谁一见钟情，与谁坠入爱河，就和真实的对方是谁不那么相关了。因为我们与心理地图的瓜葛太深、太牢固，所以我们参与的每一场爱情大戏，会按照早已写好的剧本进行下去。

选择的自由与自由的代价

从内心的囚牢里挣脱的方法，仍然是不断地进行心智化。当我们能够更心智化地思考和理解自己内心的地图后，我们就可以慢慢发现，到底是什么让我们做出了某个选择：是源自从未被看到的内在渴望，还是出于极大的恐惧。

然后呢？然后你就可以更清楚自己的选择，并且为自己的选择负责。到底是选择屈服于内心的恐惧，还是选择冒个险，让自己尝试更有挑战性的选项？这并没有固定的答案。怎样选择都可以，因为重要的不在于"做出选择"这个行动，而在于做选择时你背后的心理状态。无论做出何种选择，你需要知道的是，这个选择是由你亲自做出的，不是命运的安排，也不是被胁迫的。

是的，你是你自己生活的演员和导演，你可以自由选择是遵循已有的剧本继续演出经典戏剧，还是大胆创新一部或许无人喝彩的实验戏剧。

有时候，留在囚牢里也挺舒适的，在那里，你不用面对现实，不用挣扎要不要加班，不用担心失业，不用每天给孩子辅导功课。而从内心的囚牢里破栏而出，你就可以自由地选择，但代价是，你也得承担自由所带来的责任。

长远看来，我认为还是走出内心的囚牢更划算一些。因为这一次你可以选择更合适的人，或者，选择仍然和那个人在一起，但却已经知道自己想要的是什么，因此可以调整自己的态度，也可以和对方一起改善你们的关系。这才是真正的"我命由我不由天"。

心智化自己对爱人的选择

让我们来心智化地思考一下自己对爱人的选择。这可以是你对已有的爱人的反思，也可以是你对未来爱人的构想。

- 他（她）的哪些外在和内在条件，让我选择他（她）？

　　提示：这包括了外貌、年龄、经济状况、家庭背景、性格、才华，等等。

　　• 逐条考虑，这个条件，对我来说的意义是什么？

　　提示：请注意，这个意义要追问到对你内心而言的意义。

　　例如。

　　• 因为他（她）的外貌令我感到安全。安全感对每一个人来说，都具有很重要的意义。不过你也需要试着再追问："为什么这种外貌令我有安全感"。你的答案也许是"因为他（她）不好看，所以就不会有人跟我竞争了"，也许是"因为他（她）的长相很像小时候对我好的某个人"，那么，通过这些答案你可以发现，答案背后所隐含的你的心理状态是不同的。

　　• 因为他（她）的外貌令我在朋友面前很有面子。"在朋友面前很有面子"并不是核心意义，因此需要追问："在朋友面前很有面子，对我来说有什么意义"或许答案是"这让我感到我是有价值的"。

　　• 因为他（她）的外貌，未来能让我们有一个漂亮的孩子。那么问题又来了，为什么有一个漂亮的孩子对你而言是重要的？

　　"因为外貌是被社会认可的择偶标准""因为我爸妈就喜欢长

这样的""因为他（她）的美貌让我舒心""因为只有这样的容貌才配得上我"……答案五花八门，也没有什么对错之分。但要想心智化我们的选择，就需要持续地追问，这样逐渐的，我们对自己的了解就会越来越多。

请保持对自己的好奇，保持开放的态度。不要用"不就是喜欢漂亮嘛，谁不喜欢漂亮啊"之类的绝对化思维来限制自己。因为，尽管我们同样都喜欢漂亮，但背后的心智状态可能大相径庭。

通过对以上问题的追问和反思，我希望你了解，即便是看似非常外在的选择条件，背后也隐含着你的整个内在心理状态。从这些问题出发，可以让你更了解自己在亲密关系中的需求、渴望、期待和恐惧。

此外，还有一些其他的问题，可以帮助你反思你的选择。

- 当我选择伴侣的时候，对方是谁对我重要吗？还是说，我只需要身边有一个人陪着就可以了？

- 我和他（她）有共同的兴趣和爱好吗？我们有共同的目标和愿景吗？如果没有，那是什么让我们可以在一起？

- 我们之间的互动是平衡的吗？如果不，那在两人之间是我的需求更重要，还是对方的需求更重要呢？

- 和这个人在一起，我的情绪体验更多是什么样的？我会感觉到平静、安全、满足或快乐吗？

你也可以心智化地思考自己对亲密关系的投入程度。

- 我准备投入多少时间和精力到这段关系当中？这将怎样影响我对爱人的选择？
- 我准备表露真实的情感了吗？
- 我是否意识到，冲突和挑战在关系中是不可避免的？当它们出现时，我是否已经做好准备去面对？

▶ 健心房 4：找出一处未知

这一次的健心房练习，可以帮助你进一步理解自己所选择的爱的对象。这个练习同样也可以提高你的观察能力。有时，心智化能力不足是由于缺乏观察能力，因此，这个练习也有助于提高心智化能力。

题目

请在你的爱人身上，找出一个你以往从来没注意到的身体特征。

如果你目前没有亲密的伴侣，把这个题目放在任何你所爱的人身上都可以，如孩子、父母、亲属、好友等。

解析

可能你会发现这个题目有一定难度。在自己所熟知的人身上寻找未知之处，这必然是具有挑战性的。但只要你去做了，几乎一定能够发现未知的部分。

因为每一个人都是独立的，都拥有许多属于自己的独一无二的特点。这也符合我们在口诀二所说的"别人不懂我，这才是正常的"。认为自己完全懂得某个人，这是傲慢的，也是非心智化的。心智化的态度，就是保持开放性，对未知的部分保持好奇。

"即便我们在一起生活了很多年了，但他（她）身上还有很多我不知道的部分呀。"

"即便我比较了解以前的他（她），但他（她）的身上也会发生变化啊。"

希望你能用好奇、喜悦的态度来迎接这些新发现。每次在所爱之人的身上发现了新的特征，都是你对他（她）更深入认识的一次珍贵机会。这是多么值得庆祝的一项成就啊！

相对内在特征而言，身体特征比较容易被注意到，所以，既然身体特征的未知之处都如此难以被觉察，那么我们是不是发现，在内在特征上，我们可能对他人有更多的未知呢？

另外，你可能也注意到了，这个问题同样适用于我们自己。我们对自己也可以充满好奇，知晓我们对自己还有很多未知，这也是心智化的态度。

▶ 应用场合二：爱的接收

李尔王的故事

渴望被爱是人的天性。无论是伴侣的爱、父母的爱、孩子的爱、友人的爱等，被人真心爱着，这会让人确认自己存在的价值。可是我们是怎样知道自己被爱着的呢？我们是否能够接收到别人对我们的爱？

大文豪莎士比亚（莎翁）笔下的李尔王，可能是经典戏剧人物中最渴望被爱的一位。但他却无法用心（心智化）来感受爱。尽管这个故事讲的并不是伴侣间的浪漫之爱，但在如何接收爱这一点上，仍然可以说明我们在这里要探讨的问题。

李尔王把自己的国土分成了三份，他决定按照女儿们爱他的程度来分配。他问女儿们："告诉我，你们中间哪一个人最爱我？"是的，他决定依据女儿们的自我陈述来做出判断。

大女儿和二女儿都很善于使用华丽的辞藻，她们浮夸而空洞地吹嘘她们的爱："我爱您胜过自己的眼睛""不曾有一个儿女这样爱过他的父亲，也不曾有一个父亲这样被他的儿女所爱""只有爱您才是我无上的幸福"。这些简直听了让人脸红的话，却令李尔王感觉相当满足，他立刻认定，这两个女儿绝对是深爱着自己的。

小女儿性格内敛，不善言辞，加上她只肯说大实话，所以她的话并不讨喜。她对父亲说："我爱您只是按照我的名分，一分不多，一分不少。"这话很实事求是，但需要接收的人有一定心智化的能力，能够暂停、跳出，想一想这话的真正含义。她的意思是，我爱您就像一个女儿爱父亲那样，既然我未来要结婚，也就是说我将会承诺对丈夫的爱，所以我肯定要分一半的爱给我的丈夫，所以我说不出"你就是我的全部"这种虚伪的话。

并且她也指出了姐姐们的虚伪：如果像她们自己所说的，整颗心都用来爱父亲，那么怎么会嫁人，也就是说，在婚礼上宣誓爱丈夫呢？

小女儿的真诚引发了李尔王的盛怒。李尔王当时大约已经沉浸在被众星捧月般地爱着的幻象中，他没办法暂停、跳出来，仔细思考小女儿的意思。相反，他迅速做出反应，绝对化地认为这个女儿白养了，一点也不爱自己。因此他剥夺了小女儿的一切继承权，把全部财产和王位分给了大女儿和二女儿。

正直的朝臣肯特爵爷指出那两位花言巧语的公主是有口无心的，她们绝对不是真心爱父亲。也就是说，如果有人能够暂时跳出这个场景，以相对客观的旁观者的角度去观察和思考，是可以分辨出公主们真实的内心状态的。然而他的话却触到了国王的逆鳞，导致他被驱逐。

结果当然是，两个女儿在获得了所有的土地并且分割了王冠之后，就不再掩饰，恶毒地把李尔王赶出了家门。最后，是小女儿忠实地履行了自己的承诺，按自己真正所爱的程度爱着父亲，救了父亲。

在判断自己是否被爱这件事上，李尔王犯的错误是，他把语言表达的内容等同于爱。在他看来，这种判断标准是绝对正确的：如果你用语言表达了爱我，那你绝对就是爱我，并且你所使用的语言越夸张，说明你对我的爱越深，反过来，如果你的语言是干巴巴的，就一定说明你并不爱我。

既然有朝臣可以指出真相，那也就是说，当时除了三位公主所说的话之外，是有足够的其他证据可以使人分辨她们真实的内在心理状态的。但李尔王对这些却一概置之不理，他的一意孤行造成了自己的悲剧。

非心智化的接收：绝对化

我们在日常生活中遇到的情况，可能不像莎翁笔下的著名悲剧一样戏剧化，但是用单一且绝对化的标准来接收爱，也是我们日常生活中并不少见的问题。

- 不及时回我信息，就是不爱我。
- 你都这样对我了，我们之间一定完了。
- 你没有按我说的做，说明你根本不在乎我。
- 他（她）说了爱我，那无疑就是板上钉钉的事实了。
- 那个人经常帮我，肯定是爱上我了。

类似的语言，我们恐怕都不陌生。有时我们从自己的朋友那里听到过，有时在我们自己的头脑中也出现过。

这些语句的特点是，存在一个 A，就绝对等于存在一个 B。

也许你还记得在第一章里，我们谈到过心智化的不同水平，这种绝对化地把 A 等于 B，就类似于处于"心智即现实"这种等同的状态。

当人们处于这种心智化水平时，这种等式就成了绝对化的真理，内在心智世界感受到的内容就和外在的现实绝对地相同了。因此，人就封闭了起来，无法再接收其他可能性了。

与尚未发展出更高水平的心智化能力的儿童不同，我们成年人往往已经具备了更高水平的心智化能力，但是在一些情境下，我们有可能会退回到"心智即现实"的状态，例如当我们的情绪剧烈波动的时候，这包括情绪异常低落或者情绪异常兴奋。就像那位曾经能够成功治理整个英格兰的李尔王，他应该不是一直如此刚愎自用，而且当两个女儿后来凶相毕露的时候，李尔王也恢复了他原有的心智化水平。只是在故事的一开始，他可能对自己想出来的这个点子太得意了，同时也太渴望被爱了，以至于掉落到了等同的心智化水平。

要想从这种等同的牢笼里挣脱出来，就不要忘记我们的口诀，记得要默念："暂停、跳出、思考"以及"把肯定换成可能"。让自己暂停一下，不要立刻就反应，而是保有思考的空间，回顾发生了什么，接收其他的信息，并且思考是不是有更多的可能性。

例如，你可能在这样思考：他又没有及时回我的信息，他一定是……啊，不！等一下！先让我停一停，不要迅速得出那个结论。他的这个行动（人际互动链的环节一）怎么就让我迅速地想要得出这样的理解（环节三）？当他这样做时，我有什么样的感受（环节四），更多是失望、愤怒，还是我其实超级害怕被他忽视？这是我内在的某种心理地图被唤起了吗（对自己的思考）？除了他不爱我这个可能性之外，还有其他可能性吗（对他人的思考）？

更多的可能性是，也许他还没看到我的信息，或者他看了但正在忙其他事，没办法回复。也许他不知道要怎么回复我，这不一定是他不爱我，而是他知道我很在意回复的内容，所以在谨慎地思考怎样回复我。也许是他认为这个信息不需要回复，这是我们之间极大的差异，但未必完全等于他不爱我。总之，从 A 到 B 之间，还有很长的一段路，即便真的存在一个等式，这个等式也需要很多推导步骤才能成立。因此，我们需要警惕自己的绝对化思维，避免直接把 A 和 B 完全等同。

这一类的等同是把对方做了什么或者没有做什么与不爱自己等同在一起，这也是李尔王对真挚地爱着自己的三女儿的反应。因为对方的行动不符合自己单一的标准，所以接收不到爱。

还有一类等同，就像李尔王对大女儿和二女儿一样，由于对方的一些行动符合了自己的标准，所以就认为对方肯定是爱自己的，接收到了并不存在的爱。有的时候，人们会公开宣布自己接收爱的标准，因此其他人就可以迎合他的喜好。有的时候，我们内在的标准并不公开，甚至有可能自己也不清楚自己的标准是什么，但由于我们太渴望被爱了，就会在对方原本中性的行动中，寻找爱的蛛丝马迹。

下面这个例子就是这样的。

阿润常常确定自己是被爱的，而他也常常遭遇爱的幻灭。

例如，他发现组里新来的女同事经常和他去同一家店里买咖啡，他们相遇的时候，女同事会友善地微笑，主动和他打招呼，有时候他们还会聊上几句。几周过去了，阿润看到那位女同事就会心跳加速，他认为她的举动一定是爱的信号，甚至觉得他们能偶遇就是缘分，他们俩注定会在一起。

就这样，当他们再一次在咖啡店里相遇的时候，阿润邀请女同事周末一起出去玩。女同事尴尬地笑了笑，说自己已经有安排了。从那以后，阿润发现对方开始疏远自己。对此他感到无法理解，他不知道自己到底做错了什么，并且他感觉很痛苦，觉得又一次被人莫名其妙地推开了。

之所以说"又"，是因为阿润不是第一次经历这样的事了。阿润想起来，以前有个女生对自己很好，当他遇到困难的时候，对方常常主动提供帮助。例如，在他忙不过来的时候，帮他分担一些工作，当阿润不会使用新打印机的时候，对方会教他怎么用，团建的时候，对方也会跟阿润一起齐心协力地完成任务。那一次，阿润也很确定，对方肯定是爱自己的，但当他试图对这些爱做出回应，和对方更靠近的时候，对方也是远离了他。

这些经历让阿润非常痛苦，他对朋友抱怨说，我遭遇了很多次创伤，总是莫名其妙的，我就被人抛弃了。

每当有人向他表示友好或者关心，阿润就会把这些行动解读为对自己的爱，他把那些行动和被爱等同起来了。

倒不是说我们必须得把一切搞得一清二楚才能去爱和被爱，有的时候闹点误会，反倒是一段爱情开始的契机。而阿润之所以一次又一次地遇到类似的情景，是因为他过于肯定地把那些蛛丝马迹等同为被爱了。如果他能保有一些"可能"的怀疑空间，把"她也许是爱上我了"当作一个假设，而不是确定的事实，一点点试着去靠近，去调整自己的假设，就不会反复地体验到被人无情地抛弃了。

非心智化的接收：忽略了差异

有的时候，接收爱的困难源于我们忽略了人与人之间是有差异的。且不要说怎样表达爱，单是对于爱到底是什么，可能每个人的定义都大相径庭。有的人可能觉得爱就是平平淡淡在一起，可有的人觉得爱必须轰轰烈烈。如果这样的两个人在一起了呢？这当然也涉及了我们前面所讨论的，选择爱的对象的问题。我们需要心智化地思考，是什么让我决定和一个与自己如此不同的人在一起？此外，我们也得承认并接受一个事实，就是我们彼此是有差异的，作为独立的人，我不可能变成对方，对方也不可能变成我。

有的时候，我们忍不住强求对方改变，令对方成为自己期望的样子。例如，希望对方更上进，事业更成功，或者希望对方以家庭为重，不要辛辛苦苦地做那种没意义的工作了；希望对方更大胆，勇往直前，或者希望对方更谨慎，步子不要迈得太大；希

望对方是温柔体贴的，能够无微不至地关心自己，或者希望对方
不要婆婆妈妈，两个人不要总黏在一起，要保持距离。我们可能
都会对恋爱中的对方，有这样或那样的期待，可是，我们能不能
在保有自己期待的同时也可以接受期待落空呢？这种期待仅仅是
单纯的期待，是"得之我幸"，还是变成了"我放不下"的执念，
一定要去追求？

有的时候，我们会自我攻击，觉得自己怎么就不能变成对方
说的那个样子呢？这一定是自己的错。就像《爱丽丝梦游仙境》
里的片段。

爱丽丝想这根本不能说明问题，不过她还是继续问："你又
怎么知道你是疯子呢？""咱们先打这里说起，"猫说，"狗是不疯
的，你同意吗？""也许是吧！"爱丽丝说，"好，那么，"猫接着
说，"你知道，狗生气时就叫，高兴时就摇尾巴，可是我，却是高
兴时就叫，生气时就摇尾巴。所以，我是疯子。"

——刘易斯·卡罗尔，《爱丽丝梦游仙境》

假如这只猫不仅仅是在开玩笑，而是真的确信自己疯了，那
么这个信念的来由是：我和其他生物不一样。

猫和狗在"语言"以及行为方式上有很大的不同，但即便跨
越了物种，猫和狗还是可以在同一屋檐下共处，它们都不是疯

狂的，也可以对彼此产生浓厚的情感。只要我们不试图把猫变成狗，也不试图把狗变成猫。

让我们反观高山流水遇知音的例子。做官的俞伯牙，在出使的途中停靠在荒山野外的渡口，闲来抚动琴弦，却没想到被岸上的一介樵夫钟子期听到，并且能准确地领悟到他琴声中的深意。俞伯牙和钟子期能够成为知音，绝不是因为彼此是"世界上的另一个我"。相反，这个故事能够广为流传，也许恰恰因为他们是如此不同。知音难求，更没想到知音是和自己身份地位相差如此悬殊的人。这种理解和被理解是不期而遇的。

这种不期而遇的被理解的体验也就是成语"会心一笑"中的"会心"，如果你对心理团体有所耳闻，有一种心理团体，被翻译为会心团体（encounter group），其中的"会心"指的就是这个意思。

在某个时刻和好朋友会心一笑，隔着长长的桌子和恋人交换一个眼神，或者和某个人同时说出只有你们两个能懂的笑话。在那样一个不期而遇的时刻，彼此都能感觉到，自己深深地懂得对方，也被对方懂得。

在那种感觉里，其实最珍贵的是，我作为一个主体，被另一个独立于我的主体所深深地理解。这种两个主体之间的共鸣，是可遇而不可求的。

如果对方是"世界上的另一个我自己"——在这里我们按照字面上的意思来理解——那就谈不上共鸣了。毕竟共鸣需要至少两个不同的物体共振才能成立。

所以，被人懂得也好，爱与被爱也好，都需要对方和自己相互独立，保持差异。

有一个笑话是说：女人决定要跟男人好好谈谈，男人躲开了，他心想，"哎呀，天呐，我们俩都要谈谈了，那我们俩肯定完了！"而女人心想，"哎呀，天呐，他都不肯跟我谈谈，那我们俩肯定完了！"

虽然我不同意这个笑话中刻板地给男性女性分配角色，但如果我们抛开性别，想象这是恋爱中存在差异的两个人，那其实这样的故事在我们的生活中不难遇到。让我们用百家姓中的小赵和小钱来代替女人男人吧。小赵决定要好好谈谈的时候，是希望他们之间能够更亲近，这是爱的表达。但小钱却接收不到爱，反倒感到恐惧，为了保护他们的爱，小钱决定躲开，这是小钱为爱所做的努力。但小赵也接收不到这份爱。

在涉及接收信号的时候，我们仍然不要忘了我们的口诀，让自己暂停、跳出，给思考留一些空间，想一想其他的可能性。

我们可以尽量调整自己的心态，不强求两个人的步调一致，尊重对方和自己的独特性。

非心智化的接收：源于自身的"心理地图"

有时候，是因为我们拿到了一张非常糟糕又根深蒂固的"心理地图"，这张心理地图塑造了我们对自己和世界的看法，让我们被自己的内心所桎梏，以至于无法接收爱的信号。

我这么糟糕，怎么可能有人爱我？

一个好运肯定会伴随着更大的厄运，所以我可不敢接受什么爱。

这个世界充满了危险和背叛。

我的存在只会给别人添麻烦。

如果我们拿到的是这样的心理地图，出于自我保护，我们恐怕会很难相信别人给予的爱，因为我们害怕再次遭遇伤害。即使别人向我们表达爱意，我们也很难接收到被爱的信息，或者认为那些表达是虚假的。

当然，有的时候剧本也不一定都是那么悲壮的，例如，英国小说家简·奥斯汀笔下的爱玛①就让人忍俊不禁。爱玛那么漂亮、聪明，她生性活泼而又天真。她对身边其他人的浪漫爱情充满幻想，热心地一次又一次为朋友做媒，甚至是乱点鸳鸯谱，却压根儿没想过自己也可能与爱有缘，所以，她一直没有发现自己爱着与被爱的信号。幸好，简·奥斯汀还是给了她一个完美的结局，

---

① 爱玛是简·奥斯汀创作的长篇小说《爱玛》中的主人公。

没有让她因此错过真挚的爱情。但我们在日常生活中可能就没有那么幸运了。

▶ 健心房 5：识别"心理地图"的练习

我们已经知道，每个人都会拿着来自过去的"心理地图"。有的时候这张心理地图太过陈旧而又根深蒂固，以至于我们忘记在看心理地图的同时，也环顾四周，看看我们所处的真实环境。特别是当遇到威胁时，或者情绪激烈时，我们容易立刻使用固有的心理地图，按图索骥地做出反应。

题目

在这次练习里，请你回顾过去，回忆起一次令你感到受威胁或者情绪激动，以至于迅速做出反应的经历。

请思考，在那一次，是什么心理地图被启用了，使你做出了那样的反应？使用图 4-1，用视觉化的方法来帮助自己思考。

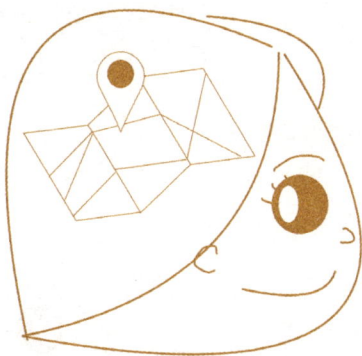

图 4-1　识别自己的心理地图

发生了 _____ 。

我的反应是 _____ 。

那一刻，我启用的心理地图是 _____ 。

在每一次发生了冲动的、快速的反应，而你已经冷静下来了以后，你都可以这样去询问自己。

此外，我们并不总是完全被过去的心理地图所占据，试着在图 4-2（你的头脑里）画出"心理地图"（因过去的经历而形成的图式）和"当下的环境"（当下的现实）对你影响的比例吧。

图 4-2 是一张空白图，你可以将它复印，每次复盘自己的快速反应时，都使用一张新的空白图来画出比例。图 4-3 是示例图，你可以用不同的颜色来区分"心理地图"和"当下的环境"对自己行动的影响比例。

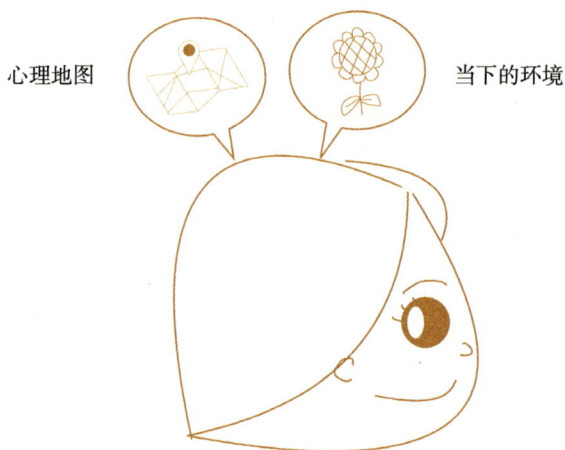

图 4-2　画出"心理地图"和"当下的环境"对你影响的比例

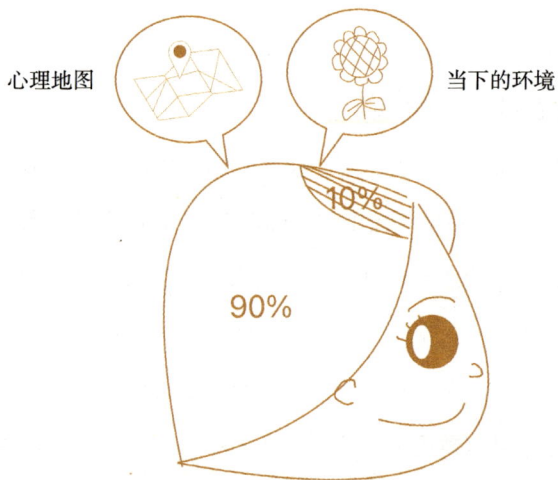

图 4-3　"心理地图"和"当下的环境"的影响比例示例图

试着在一段时间内，每次复盘自己的反应时都画一下这张图，你可以从中看到自己的变化，或者发现自己的一些规律，例如，发现某类事件更容易引发你快速的非心智化反应。

▶ 应用场合三：爱的表达

李尔王的故事之二

那么关于爱的表达呢？在了解了自己的内心之后，我们如何让对方也知道我们的心意？因为心灵并不是透明的，既然不能真的"掏心掏肺"，把内在世界明明白白地掏出来摆在对方面前，那么我们可以怎样做？

在《李尔王》的故事里，老国王看不懂女儿们的内心世界，他想到了一个自认为完美的解决办法，让女儿们用语言陈述对他的爱。我们已经探讨过，李尔王接收爱的信号的方式太单一，也太绝对化。

但你也可能会问，那小女儿的表达方式就没问题吗？难道不是她的固执才酿成了悲剧吗？

不一定。

小女儿既没有口是心非地说"我好爱好爱您啊"，也没有

"口非心是"——明明爱着对方，却说"我才不爱呢"。她的内在外在很一致，她对父亲的爱"不是100%"，却也不仅仅是"只爱一点点"，对此，她能够勇敢地如实表达。

如果我们看看周围其他人的反应，例如，正直的肯特爵爷、被小女儿的诚实品质所打动的法兰西国王、大智若愚洞察一切的弄臣，我们就会发现，周围人可以接收到小女儿对老国王真挚的爱。虽说是旁观者清，但这也侧面说明了，小女儿的表达方式——她的语言内容、她的语气、态度、情感、日常的行动等，是可以传达出爱的。

当然我们可以说，小女儿的表达方式还有可提高的空间，她可以学习学习怎么更有技巧地说话，投老人所好也是一种爱嘛。但我想，我们并不需要追求任何形式的完美。在这本书里，我希望帮助你关注到心智化，提高心智化能力，但你并不需要面面俱到，我只是希望在人生的关键场景，你有可能更顺畅地度过。**拥有高心智化能力的人，也不能跟"心术大师"画等号。**

而且，提高心智化能力，也需要尊重每个人本身的个性。李尔王的小女儿生性内敛，不善于也不喜欢耍嘴皮子功夫，我们不能要求她为了迎合父亲而失去自我。

所以我们可以说，小女儿在沟通中呈现出来的状态是个性使然，但并不属于心智化方面的问题。如果你去阅读莎翁的剧本，或者去观看《李尔王》的戏剧演出，你会发现，小女儿的语言表达其实非常真挚感人。并且，她自己也经历了内心的斗争，她的表达是经过充分的心智化之后而采取的决定。在姐姐们浮夸地表达爱的时候，小女儿就已经知道父亲想听的是什么，也知道自己是没办法说出那种话的，她非常明白，如果自己如实表达，父亲很可能接收不到，并且会剥夺自己的权利，但在经历了短暂的内心挣扎之后，小女儿选择忠诚于自己的内心，并且选择承担随之而来的后果——"那么，科迪莉亚（也译为考狄利娅），你只好自安于贫穷了"。

所以我觉得，虽然小女儿的表达不完美，但也不存在太大的问题。这场悲剧的主要原因还是出在我们前面所讨论的老国王对爱的接收上。从心智化的角度来看，小女儿的心智化能力较强，而李尔王至少在询问女儿们是否爱自己的时刻，是处于低心智化水平的。

非心智化的表达：拐弯抹角的表达

生活中，我们经常会见到不能直接去表达爱、不会表现亲近和在意情感的人，他们的这些情感只能拐弯抹角地流露出来。这种情况像个光谱，有一些比较明显，有一些则具有隐蔽性。在明显的那一端，就比如我们看到的一些所谓"霸道总裁"的设定，至少对旁观者来说，他们的心意可以被明确捕捉到。而在具有隐蔽性的那一端，人们表达出来的语言、行动，以及他们真实的需要、感受等，往往绕了好几个圈。

那些口不对心的表达，往往和心理地图有关。在这类心理地图里，表达爱，常常约等于卑微、将自己置于危险之中。在这样的心理地图的引导之下，为了保障自己的内在安全感，他们自然会防御性地远离卑微、危险，选择不去表达爱。

没错，任何表达都意味着一定程度的自我暴露，如果我们感到不安全，就会下意识地启动防护盾，试图把真正的自己藏起来，只把被自己努力创造出来的、戴面具的角色表演出来。所以"爱""想接近""在意"都被小心翼翼地藏起来，予以示人的是"无所谓""我没事""随便你"。

口不对心的反话，这不仅在恋爱关系里常见，恐怕也是很多人从小到大都耳熟能详的。例如，听到家长或者老师说："你还想不想学了？不想学别学了！"可是如果我们真的服从他们嘴上的"要求"，说"好嘞，不学啦"，准保结局会很惨。因为他们真正的愿望恰恰和语言相反，是希望我们快去学习。除此之外，虽然他们的语言表达出的是威胁，但内在的真实感受是失望，并且很可能也有无助，因为在那一刻，他们对我们的学习是无计可施的。

也不要认为我们说"好嘞，不学啦"就一定是故意气人（这又是在绝对化了）。因为要理解别人的言外之意，也需要一定的心智化能力。对于年幼的孩子和一些心智化能力有限的人——如自闭症（孤独症）谱系的孩子和成年人来说，要理解别人语言背后相反的意思是非常困难的。

还记得我们的口诀二吗？"别人不懂我，这才是正常的"。当我们口不对心地说反话的时候，不能指望别人能够听懂我们背后的意思。

回到拐弯抹角的表达上来，就像演员表演一个角色的时间太长、太投入了，会难以从角色中跳出一样，如果一个人从心智化能力还没有充分建立起来的童年期，就长年投入戴面具的角色里，久而久之，真正的自己就被埋得太深，很难被发现，他（她）甚至会以为自己原本就是戴着面具的样子。下面这个例子就是如此。

小佩说自己对人总是态度冷冷的，其实有没有人在自己身边都无所谓，因为自己从小就习惯这样了，自己的事情自己做，很独立。和伴侣在一起也是一样，小佩觉得，对方在也行，不在也行，因为，就像很多独立的城市青年一样，他们各自有自己的事业追求，有自己的社交圈子，有独立的经济收入，有时候他们愿意一起去做一些事，有时候对方没时间或是不感兴趣，他们就分开做自己喜欢的事，这也没问题。

不过，小佩最近有点担忧自己的身体，时不时地，小佩会感到头晕、胸闷，但是医院的各项检查都找不到问题，医生建议可以在继续观察病情的基础上，辅以心理咨询。小佩和心理咨询师一起合作探索，思考可能的原因，经过一段时间的共同努力后，他们发现一个可能的关联，那就是小佩的身体症状全都发生在另一半出差前和出差时，小佩也想到，自己第一次注意到这些症状，就发生在另一半去欧洲出差期间。

心理咨询师对这个关联抱着开放和好奇的态度：如果是这样，那它有可能说明什么呢？他们一起形成了一个可能的假设：也许伴侣不在身边，这对小佩来说并非无所谓。他们以开放和好奇的态度继续探索这个假设，这样的态度意味着，他们并不是马上把这个假设当作确定的正确答案，因为"获得了答案"会使人停止探索，更不用说很可能会犯"绝对化"的错误。渐渐地，小佩发现，自己很可能是很在意另一半的，希望对方能一直陪在自己身边，不要离开，只是这样的自己对小佩来说太过于陌生，小佩和真实的自己之间失去了沟通的桥梁，而真实的自己找到了表达自己的出路——通过身体上的不舒服来表达内心的不舒服。

也许你觉得小佩的故事有点极端。事实上，这样的状况比你想象得更常见。除此之外，也有很多人会以稍微弱一些的形式将未被觉察的真实部分表现出来。例如，在另一半出差的时候，表现出来的是难以名状的烦躁感，或者感觉到自己总是没事找事、挑剔，或者发现自己总在那个期间给自己安排很多工作，等等，每个人的表现形式不同。当真正的需要、感受被隐藏得太深，以至自己都搞不清楚时，那些真正的需要、感受并不会因此而消失，而是会绕过大脑，用身体、行动等方式表达出来。

此外，在亲密关系中，抱怨往往也是一种不直接的表达。"你看看你，一回家就知道玩手机""你看看别人家男朋友""你看看人家老婆多会关心人"……这些抱怨的背后是什么呢？也许是希望被关注、被在意，也许有其他的需求和愿望。

因为"别人不懂我，这才是正常的"，而且抱怨的话语往往带着强烈的情绪，所以，这容易让听到的人感到不适，结果他们不仅没听懂这种拐弯抹角的表达，反而会竖起盾牌来保护自己。因此，对方很难透过抱怨，了解他们真正想要表达的内容。此时，容易被听到的是不满、指责，让对方感到自己被推开、被嫌弃，甚至感觉两个人的关系没救了，可抱怨背后真正的需求往往是相反的，希望能更靠近对方，希望关系能变得更好。

表达自己真正的需求和愿望，既需要你对自己的真实渴望的心智化，也需要一些勇气。毕竟，揭开面纱，向对方展示真实的自己，是需要一点冒险的。所以，如果你暂时还做不到，也不必苛责自己，因为对风险的恐惧也是人之常情。不过我还是希望你能尽量做到第一步，即心智化地理解自己的真实渴望，在理解自己的前提下，运用口诀二："别人不懂我，这才是正常的"，接纳还不能直接表达的自己，也接纳没能理解到你真实渴望的对方。

请注意，无论是上述的哪种情况，我们这里说的，都是请你注意自己的表达方式。一个人可能并不清楚自己真正的内在需要，但不要把这变成一种有利于自己的工具，去曲解别人的意思。例如，不要对别人说："你并不知道自己真的想要什么""你嘴上虽然说不，但其实心里是要的"。我们能管好的只有我们自己，并且，需要在别人明确表达"是"或者"不"的时候，尊重别人的表达。

非心智化的表达：通过亮出獠牙来表达爱

对有的人来说，爱是自己内心极柔软、极珍贵的部分，因此，很害怕这样的珍宝会受到损害，所以不遗余力地想要保护它。当感觉到爱可能受到威胁的时候，他们的第一反应是亮出獠牙来捍卫自己。

还记得第三章中说到的嘉文和晓楠的例子吗？当晓楠把嘉文的语言解读为"他对我不满，他要抛弃我"时，立刻炸毛了，充满火药味地质问"你什么意思"。其实，晓楠这时候内心中真正的感受是吓得要死。她好害怕失去爱，害怕那些温馨的时刻说没就没了。她真心渴望能继续保持这份爱。但她没办法直接把爱表达出来。

在我们害怕得要死的时候，就更难去表达爱了，毕竟，对很多人来说，表达爱意味着是要冒险的。因此，晓楠在那个时刻没有能够暂停一下，跳出被触发的恐惧，而是快速、直觉性地做出她所熟悉的反应，对她来说，既然受到威胁，那就只能话里带刺，亮出獠牙来试图保护自己了。

在过去的成长经验中，或许晓楠们曾经成功地用凶巴巴的方式捍卫过属于他们的珍宝，或者反过来说，也许他们曾经体会过，如果不拼命地亮出獠牙来斗争，爱的感受就会被剥夺。

一次次这样的"保卫战"打下来，晓楠们形成了这样的内在信念：必须亮出獠牙拼死搏斗，才能得到爱，才能维护爱。当然，这样的内在信念往往是没有被觉察到的，但它会推动晓楠们，在感到威胁的时刻，迅速启动战斗模式。

也因为总要打保卫战，晓楠们时不时就处于战争状态，他们很难像和平时期的居民一样"安居乐业"，因此他们的内心很难安然处之。即便是在不战斗的时候，晓楠们也时常处于备战状态，所以一言不合就容易炸毛，随时可能开战。

非心智化的表达：我不说，你也应该知道

有的人以一个内在的信念来评价亲密关系：他（她）应该是世界上最懂我的人，所以我不说，他（她）也应该知道，否则，就是他（她）不够爱我。因为这样的信念，他们有时甚至会故意不表达。

但是别忘了口诀二——"别人不懂我，这才是正常的"。随着对彼此了解的加深，在恋人之间的确有可能有不少让人感到心有灵犀的时刻，这是我在前面说过的，感觉到彼此是知音，能够会心一笑，一切尽在不言中。但不要忘了，这种感觉也是基于"你是你，我是我，我们是不同的人"的。既然是两颗心的彼此相会相通，而不是变成不分你我的一颗心，那么两颗心灵就都会有不透明的部分，对方是没法完全懂得另一个人的。

但是，当我们被困在那样的信念里时，就会觉得，对于爱，我不表达，对方也应该知道。

- 我虽然从来没说过打算永远和他（她）在一起，但我就连买车都已经买了他（她）喜欢的了，难道这还不够明显吗？

- 如果不爱他（她），我怎么可能对他（她）管东管西的？要是个普通朋友，我才不在乎是好是歹呢！还不是因为爱，所以我才挑剔的嘛，怎么他（她）连这个道理都

不懂？

- 我天天把家里打扫得干干净净的，冰箱里从来没缺过食物，一有时间我就检查备用品，什么少了就赶紧采买。我都为这个家做了那么多了，这还不够吗？他（她）还不满足吗？

想让别人懂得自己并不意味着我们需要巧言辞令。不管你用语言还是用实际行动在表达，在你舒适的范围内，哪怕有些笨拙，但只要能够表达出你真实的意思，同时你也明白，对方有可能不懂你，因此你愿意根据对方的反应进一步沟通，这就可以了。就像李尔王的小女儿只是不愿意用浮夸的语言来夸大其词，但她也很真诚地表达了自己真实的爱。她并不觉得："我平时为我爸做了那么多，他应该都看得见，就算我不说，他也理所应当懂得"。

哪怕我们觉得自己表达得已经挺清楚的了，但换到对方的角度上，有可能还是不够清楚，甚至有可能对方的理解和我们自己所认为的有天壤之别。

我想起年少时看过的一个笑话：一对老夫妇携手多年，终于到了这一天，其中的一位即将走到生命的尽头。丈夫紧握着妻子的手，深情地说："老伴儿啊，咱们这么多年感情深厚，我实在是舍不得你啊，但事到如今，很多话再不说就来不及了，我得把一直没告诉你的事都跟你说了。你知道我多在乎你吗？每天早上吃面包，我最爱的面包瓤都舍不得吃，全都留给你了，五十多年啊，我一直把最好的留给你，自己只吃面包边。"妻子听后瞪大了眼睛说："老伴儿啊！我这辈子最爱吃面包边了，为了你，我五十多年一口没吃啊，把我最爱的面包边全都让给你了！"

这个笑话令我大为震撼，所以一直记到今天。这个笑话里的每个人都为对方默默牺牲了很多，虽然挺让人感动的，但在这最后时刻才得知真相，不免让人觉得这五十年来的自我牺牲有点没必要。原本他们的爱可以不必用自我牺牲来实现，也是可以皆大欢喜的。

不过，虽然他们的自我牺牲有些一厢情愿，但好在并没有让他们因此而心生抱怨，觉得不平衡。如果他们因此心生芥蒂却仍旧不表达，不向对方核实，就这样生闷气，觉得"只有我对你那么好，你却理所当然地就收下了，还不知回报"，最后导致两个人因误解而分开，那真是太可惜了。

因为"别人不懂我，这才是正常的"，相应地，"我并不懂他（她），这也是很有可能的"，所以，我们可以对对方的感受保持好奇，去核实对方的感受。这样，就可以避免单方面付出而带来的委屈：我明明都为你做了这么多了，我都为你放弃最爱的面包瓤了，我都每天把家里打扫得干干净净了，怎么你还不知足？怎么你还不明白我有多爱你？

心智化的表达：表达清晰，做出调整，敢于冒险

那么，心智化的爱的表达是什么样呢？

我们要再一次复习口诀二了：别人不懂我，这才是正常的。

因为心灵并不透明，在向对方传达爱意时，我们要尽可能清楚地表达自己。这并不是说要你违背本心，你可以像李尔王的小女儿那样，诚实地表达自己，还记得吗，她既没有夸大其词地示爱，也没有拐弯抹角地表达，或者气呼呼地觉得"我不说老爸也应该知道"。

当我们心智化地表达爱的时候，我们会对自己进行反思：他知道我爱他吗？他确实知道我对他的爱是什么样子的吗？我刚刚的那种表达方式，是不是太隐晦了？我是不是期待着他能够像会读心术一样读懂我背后的意思？

在心智化的情况下，我们的这些反思是很自然的，我们可能会在脑海中快速地闪过这些反思性的想法，来观察自己的行动，并且能因此及时调整自己的行为。

但是，如果我们经常被这些看似具有反思性的想法所萦绕着，陷入其中无法摆脱，那反倒不属于心智化的状态，而是一种"伪心智化"的状态。也就是说，我们被这些过度的、带有强

迫性质的想法所淹没，为了思考而思考，反倒失去了真正反思的
空间。

我们所说的心智化，不是单纯地为了思考而思考，更不是为
了得出正确的结论而被那些想法萦绕。**心智化，总是和我们的体
验、感受、当下的情景联系在一起的，在这种情况下，我们会问
自己那些反思性的问题，也会用我们自己的体验、感受，以及观
察到的对方的反应，来试图回答这些问题。**但我们不会费力去追
求所谓正确的答案。因为重要的不是某个答案，重要的是关系本
身，是不断流淌的人际互动链。

也就是说，当你心智化地去表达爱的时候，你的头脑当中会
闪过一些反思——或者不如说是对当下情况的好奇："咦，我的
这些表达足够清楚吗"，同时，你在头脑当中，开放地保留可能
性："我的表达有可能对他来说并不完全是清楚的""他有可能并
不完全懂得我"，因此，当爱的表达和接收之间产生分歧的时候，
你不会感觉天塌下来了。当出现这样的问题时，及时做出调整就
好了。

在尽可能清楚地表达自己的基础上，如果尚有余力，你也可
以尝试根据对方接收信息的特点，来调整表达。也就是说，花些
心思去体会自己所爱的人的独特之处是什么，他（她）在某一时
刻需要的是什么。

让我们来看看下面这个例子。

多年来，晓冬信奉的是：爱一个人就是柴米油盐，爱一个人就是踏踏实实地做好生活中的每一件事——把家里打扫干净，做好每一顿饭。晓冬的爱人晓夏却喜欢把生活过得更有情调一些，喜欢在特别的日子里交换礼物，喜欢生活中的一点小惊喜。

在晓冬看来，晓夏的想法有点虚头巴脑的，一点儿也不实在。晓冬的想法是：爱一个人嘛，就是要好好地跟他过日子，过好平平常常的每一天，这就是我对爱情最大的承诺。

对于晓夏在特别的日子里送自己礼物，晓冬倒也不是非常反感，只是觉得没必要，也并不觉得这就说明晓夏更爱晓冬。因为晓冬觉得，只在特别的日子里做点特别的事，这对任何人来说都不困难，甚至算得上有些投机取巧了。反倒是日复一日地做好每一天的家务，才是真正长久而深沉的爱的表达。

基于这些考虑，晓冬一直想要把晓夏的想法扳过来，让晓夏和自己一起走在"正确"的路上。这逐渐演化成了一场较量，两个人彼此都较着劲，想让对方承认，自己的想法才是对的。

这样的较量，注定让两个人都很受伤。在这场原本以爱为起点的较量中，没有人是赢家。

原本两个人都在试图用自己的方式表达爱、获得爱，原本他们的行动都是指向爱和亲近的。但在这场较量中，爱本身退居到背景当中，焦点变成了谁是对的，谁是错的。

当晓冬和晓夏终于能够回归到心智化的状态，重新把焦点聚焦到对彼此的爱之后，他们逐渐可以接受，在表达爱的方式上，他们俩都可以是正确的，大可不必区分谁对谁错。

重点是我们真的很爱对方——当晓冬找回这部分心智后，就可以不再执着于只用自己认为对的方式去表达爱了。因为前面也说过了，晓冬并不反感那些小惊喜、小情调，甚至在过去的几年里，只是为了和晓夏较劲，晓冬才坚决不用这样的方式来表达。晓冬仍然没有放弃自己的特点，依然踏踏实实地在每一天的家务中表达着爱意，除此之外，在不感到负担的程度之内，晓冬也可以时不时地为晓夏制造一些惊喜。

不过，即便你愿意为对方调整自己的表达方式，但也许有些时候，对方的需要和你自身的特点相差太远，那样的调整会让你感觉到不舒适，或者至少在短期内不容易改变。

在这种情况下，如果这段关系足够安全的话，我建议，你不妨试着告诉对方，你所习惯的沟通爱意的形式是什么样的。这样，我们可以主动让对方更清楚地了解你的需要和你的特点，而不必彼此都在猜测。

例如，假如你非常不习惯用语言来表达爱，你可以告诉你的爱人："亲爱的，我知道语言对你很重要，我会试着把我的爱说出来，但我也想让你知道，我这个人不善言辞，也其实并不习惯听到太直白的表达爱的语言，所以当你用语言说出我们的爱的时候，我可能会躲躲闪闪的，这不是因为我不爱你或者拒绝你的爱，而只是因为我听到这些太害羞了，这是我多年来形成的习惯反应。"

如果你愿意告诉对方这段话，但却觉得难以说出口，那么，把它写在卡片上，在合适的时候拿给你的爱人看，是不是也是不错的选择呢？

另外，你也许还会有这样的疑虑：表达爱是要冒险的，我觉得还是给它加上重重伪装更安全啊。如果我去掉了那些伪装，直接表达了爱，结果却被对方耻笑或者利用了，那可怎么办啊？

没错，去爱本身就包含着冒险的成分。别的不说，有可能很遗憾的是，对方没办法回应同等程度的爱给你。但是你看，如果一个人对别人的爱毫不尊重地加以耻笑，甚至是无情地利用，那是不是说明这个人很渣呢？保守地说，至少是在恋爱方面很渣吧。假如我们不幸爱上了一个很渣的人，那么，早发现、早撤退，是不是对我们自己来说也是更好的保护？或者，如果我们发现对方仍有其他可取之处，那么，早点发现他（她）在恋爱方面的渣，希望他（她）做出改变，或是我们调整自己对爱情的期待，这些不都是直面问题、解决问题的办法吗？

所以你想想看，是不是这样的道理？当我们害怕因为表达爱而被对方耻笑和利用，因此做出非心智化的表达时，这可能就是在采取一种"鸵鸟政策"，让自己看不见对方的渣。用这样的方式，我们可以换来被爱的幻影。但与此同时，我们心底里一直存在隐隐约约的不安全感，因为我们是被"害怕"推动着而采取了"鸵鸟政策"，所以，虽然我们选择对不安全感视而不见，但它却始终如影随形。

别忘了，在这种情况下，我们不敢直接表达，是因为害怕对方很渣，但是，也许对方并不渣呢？不管对方能不能同频地回应我们的爱——我们爱的人也以相似的程度爱我们，这有时也需要些缘分，只要对方不渣，就会尊重我们爱的表达。

冒个险去表达爱，如果对方不渣，那么我们往往会有收获，收获更好的爱，或者收获值得尊重的朋友。如果对方渣，我们能因此认清真相，尽管被渣人捅一刀肯定还是会痛的，但比起采用"鸵鸟政策"，被渣人长久地诛心，我觉得冒险还是划算的。

▶　**健心房 6：反思练习：说出我爱你**

不知道对你来说，说出"我爱你"三个字是否困难？

有的人可能会说，不就是说三个字嘛，我随随便便都能说。

反过来也有人说，这三个字有什么意义呢，何必非要说呢？我不说也不一定不爱，说出来也不一定就是真的啊。

在这次练习里，我想请你思考另一个角度。在这里我们先不考虑虚伪的问题，让我们假设表达的内容是真实的。

"我爱你"是关于爱的语言。

而说出"我爱你"，这个行动本身，也是关于爱的行动。因此，把"我爱你"说出口，或者说把爱表达出来，并不等同于"爱"这种单一的内容。

它意味着：

- 我爱你；

- 我接受我爱着你；

- 我想告诉你我爱着你；

- 我希望你知道我爱着你；

- （也许也包括）我希望能得到你的回应。

题目

在此刻请你停下来反思一下，不管你曾经是否能说出"我爱你"，在上述这几个层次里，你是否在哪一层遇到了困难？你是否还能想到其他层次？把你的想法写下来。

_____

_____

_____

_____

_____

_____

_____

那么这样看来，表达"我爱你"到底重不重要？

或许，比起这确定的三个字来说，把爱表达出来这个行动更重要一些。

接下来请你思考，如果你觉得说出"我爱你"三个字比较困难，你还能想到其他方式来明确表达爱吗？把你的想法写下来。

_____

_____

_____

_____

_____

_____

_____

第二节 职场上更成功

▶ 应用场合一：沟通

提高心智化能力，优化职场沟通

很多工作，即便是一些专业性极强的工作，往往也需要在不同程度上与人合作。

不知道你是否注意到过，有些人在专业技能上没有问题，工作态度也勤劳肯干，但就是被职场上的人际关系所累，没有办法更上一层楼，或者是整日疲惫不堪。有的人甚至因为职场的人际关系，干脆退出了自己所擅长的职业领域。这些情况，不得不说是很令人遗憾的。

与所有其他人际沟通一样，职场上的沟通，也是人与人之间的互动，因此这就涉及了互动沟通的双方或多方，涉及了人际互动链。沟通中的每一方都会影响互动，每一方都会对互动的顺畅或阻塞做出"贡献"。为了方便叙述，接下来我将只从单一的视角出发，把沟通拆分成信息的传递和接收，把我们自己分别看成沟通中的传递方和接收方。在非心智化的情况下，这两个步骤都有可能会出现问题，接下来我们将逐一进行探讨。

此外，在职场的沟通中，我们也常常需要向他人确认信息，这一点也是我们可以通过提高心智化能力而改进的。

通过心智化能力的提高，我们的职场沟通能力可以得到优化。清晰的传达、正确的接收、心智化的确认，做到这三个方面，我们的职业发展就可以在一定程度上避免因人际沟通上的问题而被阻碍了。

非心智化的传递：无法清晰地输出

在职场中，有大量信息需要我们去传递。有时候这些信息输出的形式更像宣讲，相对来说，我们更像一个单向的输出者，例如在例会上汇报工作进展，向客户讲解方案等。有的时候信息输出的方式是双向的，需要彼此的交流，此时，我们会不断地在输出与输入间切换。

从心智化的角度来考虑传递信息，我们需要牢记口诀二：别人不懂我，这才是正常的，在这个前提之下，我们会去监控（观察和理解）对方的反应。**所以并不存在完全单向的输出，即便是由你一个人来做 10 分钟的报告，在此期间其他人禁止发言，但你仍然可以通过观察听众的非语言反应，来推测他们接收的情况，用这样的方式来监控沟通的有效性。**

让我们再次对照人际互动链（参见图 1-2）来思考一下。

在观察到，也就是接收到（环节二，接收）对方的语言或者非语言的反应之后，我们会在头脑中心智化地进行思考（环节三，理解）。

- 对方怎么了？为什么会有这样的反应？
- 有没有可能是我传达得不够清晰？
- 那么，是我的语速太快吗？音量太小？
- 或者是我使用的术语太晦涩，让人不太理解？
- 还是我讲的内容与他们期待听到的南辕北辙？

我们在自己的心智内部快速运转着这些内容，通过理解，我们会调整自己的表达（环节五，行动），同时继续保持监控，试着更清晰、顺畅地传递信息。

在我们与他人沟通时，上文所说的这些人际互动链，始终在我们心智的后台操作着。

这就又要说到我们心智内部的"空间"了，我们可以把它想象成电脑的内存。如果这种内存（心理空间）有足够的容量，我们的后台操作就更顺利，反过来如果由于各种各样的原因，如情绪困扰、睡眠不足、酒精的作用等，造成内存不足，这些后台操作就运转不动。

所以我们在平时要通过休息、放松、强健大脑等方式来"清理内存"，保证自己有足够的心理空间。本书中的"健心房"的宗旨也是帮助大家保持心理空间，保持并提高心智化能力，因此，你不妨多加利用本书中的各项练习。

此外，在职场中，提需求是非常常见的一件事，但有不少人表示自己在提需求方面是有极大困难的。

这种情况有时涉及了我们固有的心理地图，例如，担心别人会怎么看我，一旦我提了需求，别人是不是就觉得我很没用。

别忘了使用健心房 5 的练习，辨别一下，在多大程度上这是由于自己过去固有的心理地图在起作用？因为在当今社会，没有任何人能够完全独立地完成某项工作。别说是工作了，就算是我要喝一杯奶茶，我也没办法完全靠自己一个人独立完成。因为那至少意味着我得从种植茶叶开始做起，我还得靠自己独立找到某个水源、钻木取火，我还得自己养一头奶牛。任何事情的完成几乎都涉及与他人的合作、向他人提出需求，例如，向某个人提出向他买一头奶牛的需求。

向他人提出需求，这不是能力不足的表现，恰恰相反，这是一项非常重要的工作能力。

当然了，在提出需求的时候，对方未必就会直接满足。因为每个人工作的目标、优先级、利益点不同，所以会发生冲突也是很自然的。就好比我真的要去买一头奶牛，也许对方根本不想卖给我，或者即便他想卖我，我们在价钱上也可能谈不拢。这些都是可能发生的冲突，但我们不必在想象中扩大冲突的后果。

我们能做到的是，在提需求的时候，尽可能清晰地输出自己要传递的信息。

想想看，我到底要什么？不要只是说："我最近需要做奶茶，得请您配合一下。"还要说清让对方怎么配合，例如，"把这头奶牛卖给我"，或者"把这头奶牛无偿借给我三个月""把这头奶牛租给我三个月"等。

如果你的需求涉及时间线，也要把你的时间底线清晰地告诉对方。有很多人习惯使用含糊的时间，例如，"最近我需要……""接下来我们团队需要……""您过两三天给我吧"。结果，合作的双方对这种含糊的时间概念理解不一致，造成了工作延误。我曾经了解过一个研究，对于"过后"这个含糊的时间概念，例如，"我过后给您回电话"，人们的主观理解从 5 分钟、1 小时，到 3 天、无限期不等。因此，我们需要知道对方和自己不同，尽量用客观的时间概念来表述。例如，我需要最晚在 × 月 × 日之前拿到这头奶牛，如果能在 × 月 × 日（一个更早的时间）之前拿到就最好了。

请千万别忘了，"别人不懂我，这才是正常的"，否则我们容易表达得太笼统，以为对方能够明白，我们其实需要更清楚地向对方展示我们的所思所想，而不能期待别人猜到我们的内在状态。

类似的是，有些人确实工作能力很强，思维的速度很快，在与他人合作的时候，他们容易把思想列车飙得太快。如果你也是这样的人，那么，你同样需要提醒自己，要给你的思想列车降降速，以便让别人能够跟上。要与你合作，他们需要知道你的心智化过程，需要知道你的思想是怎样加工到这一步的。

非心智化的接收：忽视他人传递的信号

从接收的角度来看，有的人在职场沟通上的困难，源于不容易接收到他人所传递的信号。这就像是你有一根不敏感的天线，来自他人的很多信息都被忽略掉了。

如果你是这类人，你可以在人际互动链的环节二（接收）那里，多下一些功夫。试着有意识地培养自己对他人和周围环境的注意力。

下一次你可以试着挑战自己，在与同事交往的时候，花 30 秒时间，把注意力完全集中在对方身上。注意他所说的内容、他的语调、语速、他的表情、姿态、小动作，等等。当你真的这样尝试了，你可能会发现，当我们把注意力尽可能全部放在对方身上的时候，30 秒无比漫长。

有的时候，尽管我们接收到了信息，但在环节三（理解）那里出现了偏差。这就好像我们的天线虽然接收到了信号，但是接下来处理信号的解码器和对方的不兼容，所以有的时候，这些信号变成了无法解读的，或者被错误解读的内容。我刚刚说到的"过后"这个主观时间观念，就是一个例子。

除了对方需要清楚地传递信息之外，我们接收到信息之后，以尽可能和对方统一的方式去进行解读，这也是很重要的心智化能力。

我们在解读的同时，也会向对方说出我们的理解，之后再去接收对方对这个理解的反应，根据对方的反应，进一步调整我们的理解。事实上这个世界上原本就没有绝对化的完全理解，我们始终都处在通过心智化，不断地趋向理解的过程中。

如前文所述，我们所接收的对方的反应，不仅仅包括语言反应。例如，当你用 30 秒时间保持专注时，你收集到了许多信息，其中非语言信息要远远多于语言信息。所以，你需要把那些非语言信息和语言信息整合在一起，来形成理解。

例如，你的同事在跟你谈到今天要一起见的客户时，他的腿在抖。这是一个行动（环节一，行动），那么我们怎么去理解对方的这个行动呢？它可能是一个有关的重要信息，意味着他对今天的客户有一些特殊的感受——也许是紧张，也许是不屑，这需要我们在具体的情境下去分析。但也有可能这是一个无关的信息，你同事的腿抖可能只是因为生理上的原因，例如由于寒冷或缺钙而导致的腿部抽搐。

无论是哪一种，我希望大家记得的是，一个人的行为背后有一个完整的心灵，每一个行为都可能代表了他背后的想法、感受、目标等。我们能够有这样的意识，并在自己的能力范围之内，尽可能地收集一些有用的信息是非常有意义的。**但也用不着过度关注，最终被海量信息淹没，反倒失去了有效思考的空间，导致心智化的失败。**

因此，前面所说的 30 秒集中注意力的挑战，是用来主动练习你接收信息的能力的，并不是我们在所有时候都需要那样做。但在一些关键时刻，你也可以用聚焦注意力的方式，来接收重要信息。

在职场的沟通中，有时我们也会因为自己太过焦虑，而陷入自己的情绪中，以至于我们的感受器（主要涉及听觉、视觉）的接收范围变得狭窄了，甚至连他人对我们的支持和帮助都没能接收到。

举例来说，在撰写本书过程中的 2023 年 6 月 17 日晚上 11 点半，我丈夫接到一通紧急电话。我并非要偷听，但或许是因为对方太紧张了，音量极大，以至于我没办法把精力集中在我正在看的书上，他们的对话就这样灌入了我的耳朵里。原来第 2 天就

是 "618" 了，在这个特殊的日子里，他们即将在午夜 0 点上线一张活动海报。电话对面的这个人属于公司外部的合作团队，就在此时，这位小伙伴意外地发现，海报上没有他们团队的 logo，这对他们来说是一个巨大的问题。

我之所以能够详细记住他们所遇到的问题，是因为电话那头的那位小伙伴，反复将这个问题说了四五遍。能够理解的是，所剩的时间真的不多了，他听上去真的非常着急，声音都在发抖。当他第一次大致说明了问题之后，我丈夫就利落地回复说："好的好的，我现在马上去联系我们团队的伙伴，去检查一下到底是哪个环节出现了问题。" 但是他并没能把电话挂断，因为对方仍然继续说，"你知道吗？这件事是……"，又一次开始解释发生了什么、问题的严重性有多大。就这样，我听到丈夫几次试图礼貌地挂断电话，以便联系他的团队解决问题。但这通电话硬是打了足足有十几分钟。

作为被迫的听众，我不禁会想，到底他要的是什么？从我作为心理咨询师的身份出发，我非常理解，任何人碰到这样的情况都会非常着急、焦虑，去清除自己的情绪也是非常重要的需要。不过如果我从自己的专业角色中脱身出来，试着从职业人的角度去考虑，我难免会觉得有些遗憾，在那个争分夺秒的关键时刻，他实在太着急了，以至于听不到电话对面的人，正在很努力地试图帮他，而他一次又一次的解释反倒延后了问题的解决。

以心智化的方式确认信息

在职场的沟通中，很多时候，被传达的信息并不是那么清楚。这与一个人传达信息的方式有关，与我们接收信息的情况有关，也有可能与信息本身的特质有关。有时，这种上传下达是层层传递的，在传递的过程中也可能会造成信息的缺失。有时，信息的发起者就没有把事情说清楚，却还要通过其他中间人向下传达，这就更加造成了信息理解的困难。

例如，我要买一头奶牛，但我可能是一个非常繁忙的领导，或许还有点自大，所以我并没有把自己的意思完全说清楚，只是在出门前匆匆忙忙地跟我的秘书说："我需要一头奶牛，要快，你去办一下。"

那我的秘书要怎么办呢？当然，秘书可以通过对我多年的了解，来推测我的意思，这在一定程度上是可以做到的。但假设有关奶牛的想法，我从来没有向秘书透露过，从我的日程上也很难客观推导出我的意图，虽然我的办公室里显然装不下一头奶牛，从这一点上大概能推测我并不是要把奶牛养在我办公桌旁边，但我也没说在哪里需要一头奶牛啊。我的秘书也许会决定，就这样向采购部传达指令："领导要买奶牛，品种你们看着办吧，她说要快，我估计那个意思就是明天就要，你们赶紧去买啊！"或者我的秘书可以拒绝焦虑，他决定不像我那样急匆匆的，他会发信息给我，具体询问我到底要什么、什么时候要。

我的秘书如果选择前者，那我们恐怕就能看到马三立大师在相声《买猴》里所描述的闹剧了。幸好这一切都只是想象，我并不需要奶牛，我也没有秘书。

在信息并不完全清楚的情况之下，你通常的做法是自行脑补，还是继续向别人确认呢？

我上面的这个问题是个陷阱，仿佛把自行脑补和向别人确认对立起来了。其实二者并不冲突，通常二者都需要。

刚刚说过，我想象中的秘书通过对我多年的了解，是可以对我的行为做出一些推测的，换句话说，我的行动，哪怕比较模糊，但对方还是能够在一定程度上对我进行心智化的。假如这位秘书事无巨细，每件事都要向我确认、询问，那我们肯定会觉得这个秘书不用脑，也就是非心智化的。

而心智化的方式，是遵循口诀三：把"肯定"换成"可能"。这位有较高心智化能力的秘书，不会绝对化地认为自己脑补的内容就是正确的。他可以去脑补（心智化）我行动背后的原因、需要等，再向我去确认他所脑补的内容。例如，"你的意思是不是……""我理解的是，你想要……，我理解的对吗？"

给可能性留出空间，但又不是陷入不可知论，这是心智化的态度。

所以我们可以做的是：

根据已有信息，对他人进行心智化，即尽可能用对方的方式去解读对方的信息密码；

遇到缺失的或模糊的信息，及时向对方询问，如时间、地点、具体目标等；

将自己的理解反馈给对方，向对方确认。

清晰的传达，正确的接收，心智化的确认，做到这些，基本上我们在沟通的过程中已经尽力了。这不是说在我们的职场沟通中，就不会再遇到困难和矛盾，因为那些困难和矛盾是自然存在的。有关发生矛盾的部分，我们在下一节中会具体谈到（见应用场合三：发生矛盾时），在需要的时候，你可以去参考那一节的内容。

▶ 健心房 7：理解行为反应模式

通过人际互动链，我们知道，人的行动背后有完整的心灵，反过来说，我们的内在心智世界，也会通过我们的行为（包含语言在内的广义的行为）反映出来。

这一次，让我们通过情景练习，试着理解故事中主人公的行动，并进行反思，思考你自己在类似的情景下，是否也有典型的行为反应模式。

题目

思鸣回到家，发现门口的几双鞋还是胡乱丢着。他觉得很烦，都已经说了很多次了，结果室友出门的时候，还是没有把鞋放好。思鸣越过那些鞋，在心里劝自己视而不见。走到客厅，思鸣狠狠地看了看茶几，室友看了一半的书，摊开着扣在那里。这显然和思鸣自己的习惯太不一样，书嘛，不看了就整整齐齐摆好，为什么要摊开扣着呢？那我买来那么多张书签放在公用区是干什么用的呢？

过了一会儿，室友回来了。说是室友，其实他们是从大学时期就认识的朋友，所以两个人下了班通常也会在一起吃饭聊天。今天，室友一如既往地开始吐槽。思鸣却一言不发，只是坐在沙发上刷手机。

请思考下列问题。

1.你觉得在思鸣的内心世界里，发生了什么？

_____

_____

_____

2.思鸣有哪些行动？为什么他会那样做？

_____

_____

_____

3.当你有类似的情绪感受时，你通常会怎么做？

_____

_____

_____

▶ 应用场合二：解决问题时

真相不止一个

25年前，当我还是一名心理学系的大二学生的时候，在一堂专业课上，教授让我们每个人画出黑板上方的那块钟表。那块外形简单、客观存在的钟表，由于每个人在教室里所处位置的不同，画出来的——也就是我们所看到的样子不尽相同，而所有这些都是真相。"不要仅仅学心理学知识，更要培养心理学思维"，这是那位教授从第一年起就在用各种方式不断向我们传递的理念。现在回想起来，他所说的心理学思维，可能包含了做学问的科学素养，也包含了心智化的态度。

心智化的态度是保持开放性，一切皆有可能。也就是说，当我们在心智化的状态之下，我们更有可能从多元的视角来看待问题。对于人世间的复杂事物来说，通常没有单一的原因，很多事是由复杂的多重原因共同造成的。并且同一件事，从不同人的角度来看，可能存在着多个不同的真相。这种包含多元视角的思维方式，对我们的职场发展也是有很大帮助的。

但当我们由于各种各样的原因，处于非心智化的状态时，我们就很难切换视角，只能用单一的视角去看待问题，以至于造成职场上的困扰。

非心智化的视角：钻牛角尖

钻牛角尖，按照《现代汉语规范词典》（第4版）中的解释，是比喻死抠无法解决或没有价值的问题。

但你可能会问，接到一个工作任务，打破砂锅问到底似的跟它死磕，竭尽全力地试图得到终极答案，这难道不也是挺好的品质吗？不死磕下去怎么知道问题是不是真的不能解决呢？再说了，所谓的批判性思维，也是不断地质疑，二者有什么区别吗？

我想，我们先不要带着绝对性的"好""坏"去评论钻牛角尖。在钻牛角尖这个行为中，当然也包含一些很值得钦佩的品质，如不放弃、不轻易屈服、勤奋等。

让我们回到心智化这个维度上来。钻牛角尖的行为存在的一个问题是，想要追求一个绝对化的终极答案。

还拿买奶牛来举例吧，钻牛角尖的态度是："不行，我必须得弄清楚她到底为什么要买，不买不行吗？买了到底有什么好处？收益和支出的比例到底有多少？这头牛到底该不该买，我必须得算出一个明确答案来，必须得做出最佳方案来！"这样，钻牛角尖的人可能会把大量时间花在做复杂的表格、反复的思想反刍上，他们的目光紧盯着最终的答案。

而心智化的态度是保持开放，一切皆有可能，所以在心智化的世界里，永远不会有所谓的大结局，不会有终极答案。一个心智化功能良好的人，也可能会问出类似的问题，但他是怀着好奇的态度，而且并不强求答案。所以，心智化功能良好的人的语气更像是："哦？她为什么要买奶牛？她要做什么？是不是有收益？收益和支出的比例能有多少？我们要不要看一下，有可能这头牛不值得买呢。但也没准会有意想不到的收获？"

一旦得到了确定答案，把思考画上句号，也就意味着我们停止心智化了。事实上，在心智化的过程中，我们会提出很多问题，这是因为我们总会为其他答案保留可能性。

然而，在心智化的状态里，我们不会被一个又一个的问题所淹没，以至于我们全部的心思都去追逐问题的答案本身了。在心智化的状态里，我们可以接受一些有概率性的答案，例如，"这个任务大概率是这个样子的，就先按照这样做吧，中途发生了变化，我再调整"。**所以，在心智化的状态下，我们可以接受当下的局限性，开始行动，并且仍然会关注是不是还有其他可能，给其他可能性留有空间。**

说到钻牛角尖和批判性思维的区别，看起来它们都有可能会挑战现存的观点，但批判性思维的特点之一，就是灵活性和对不确定性及模糊性的包容。具有批判性思维的人是乐于质疑的，他们拥有心智化的态度，对一切保持怀疑，也就是说，接受一切都有其他可能。所以他们不会武断地得出一个又一个结论，而是可以对不同的观点和假设进行批判性的论证。

从字面意思来看，钻牛角尖是越钻越窄的，是从一个狭小的通道，进入更加狭小、无出路的通道里。所以在这种状态之下，我们的视野、我们的认知功能，都将变得更加狭窄。我们在钻牛角尖的状态下，很难再切换到其他角度，更不用说在不同角度间灵活切换了。往往我们会钻到某一个视角中，越钻越深。

而心智化的态度是相反的，是保留更大的空间。我们可以把这个更大的空间想象成一个心灵内部的大操场——我是说，供小孩子们自由玩耍的那种大操场，在这里，我们可以把不同的观点同时放进来，去玩耍，去辩论，去试验。

非心智化的视角：坚持自己的方式是唯一好的

另一种可能是，我们也许并没有对自己的视角不断钻牛角尖，但我们可能盲目相信自己的方式就是唯一、最好的方式。所以我们可能会向他人"推销"自己的工作方式，或者对他人的为人处事看不惯。

也许不少人有过类似的经历：工作上的某位前辈可能在多年的工作经验中确实总结出了一些方法，他也是出于好心，想把自己的这套方法传授给我们，不过，有时候多少会让我们觉得，他在硬塞给我们。我们可能从他期待的眼神中体会到，他希望我们也按这套方法做事，并且认可他的这套方法就是最好的方法。

然而每个人做事的习惯很可能大相径庭。就算我们一开始是职场新人，对工作没有什么经验，他分享给我们的经验也确实很宝贵，但慢慢地，等我们对工作熟悉起来，我们一定会按照自己的习惯，总结出不同的工作规律。

话虽这么说，但我们每个人都有可能感到自己精心总结出来的规律是心血之作，会希望更多的人从中获益，所以用不了几年，当我们遇到职场新人的时候，可能我们也会忍不住，想把自己的这一套方法，原封不动地传给他们。那么，此时我们是真的能接受，"我只是把我的这些告诉你，你是不是照做都无所谓啊，千万不要有压力"，还是只是嘴上这样说说，当发现自己掏心窝地把好东西传给别人，别人却没有珍惜的时候，感到心里很酸涩呢？

有的时候我们不愿意承认其他人的方法也不错，是因为我们还是陷入了单一视角的困境，认为真相只有一个，只有一种方法是好的。所以我们不敢承认对方的方法是好的，担心因此我们自己的方法就变成不好的了。但心智化的多元视角，是可以让这些好的可能性同时存在的。

在心智化的状态下，我们就可以这样想："我的方法很好，但也许他的也不错。"拥有较高心智化能力的人仍然可以对自己的观点有所坚持，例如："他的方法看起来确实挺不错的，但我仍然觉得，我的也挺好，我就按照我自己的习惯，继续用自己的方法吧。"

类似的情况也出现在我们对观点的争辩上。有些时候，我们强硬地坚持只有我们的观点是对的，也是因为陷入了单一视角中，认为只能存在一个"对"的观点。那么我们当然不愿意，也不敢赞同其他人的观点的正确性，因为在单一视角的逻辑下，一旦被对方占据了"对"的位置，我们就只能落入"错"的位置上了。

同样地，如果我们能使用心智化的态度，我们就能让自己自由，不再纠结于你死我活的争辩，而能公正地看待所有人的观点中的可取性。这样，我们和他人之间的关系才能从零和博弈，走向正和博弈。

> 小注解
>
> 零和博弈指互动双方的收益之和永远为零，即双方的收益和损失正好相互抵消，也就是一方为胜，另一方为败。
>
> 正和博弈指双方互动的结果产生净收益，也就是双方哪怕各有收益和损失，最终相加的结果是大于零的，相当于双方都获益，也可以粗略地认为是双赢。

非心智化的视角：被心理地图接管

有的时候我们采取单一的视角，是因为我们固有的心理地图又自动跳出来，接管了我们的心智。

例如，你的领导可能平时都挺严厉的，不苟言笑。今天下午他在茶水间碰到你，破天荒地朝你笑了，跟你寒暄起最近多变的天气，还问你在这样的天气里身体是不是还好？最后他竟然还表扬了你最近的表现，说："干得不错啊，我看好你，继续努力！"

领导确实有个反常的表现，那么对此你会做什么反应呢？

A，觉得挺高兴的，自己努力了这么久，终于被领导看到了。领导确实跟平常有点不一样，也许最近他恰好心情好吧，管他呢，我先高兴两天再说。

B，怎么了？领导怎么这么反常？他肯定有什么阴谋！我不得不防！

如果你做出第二种反应，很可能就是因为你的心智被"总有刁民要害朕"的固有心理地图接管了。所以当别人表扬你，或者和和气气地对待你时，你的第一反应——甚至是唯一的反应，不是开心，而是感到危险，因此整个人都处于警戒状态。在这种状态下，"有危险！必须保护自己的安全！"就成了唯一的真理，没办法再给其他可能性留有余地了。

你也许会说：人心叵测，有的领导就是这么伪君子，可不能不留点心眼儿啊。没错，我并不是说我们要傻乎乎地一味开心，如果我们认为领导必定全然是善意的，这也陷入绝对化了。我们来看第一种反应，在这种情况下，你并不是没有注意到领导的反常，但是你会保留观察力，暂时先把疑惑搁置，让自己去享受被表扬的快乐。而对于第二种反应来说，由于被威胁的感觉占据了你的整个心智，所以你没有机会去享受当下。哪怕持续得再短暂，被人表扬也是值得我们自豪的一件事，但心智被固有心理地图完全接管的人，却没机会去享受这种自豪感。

心智化的方式是我们可以先把可能的危险性放在我们的头脑里，在后台进行操作，与此同时，我们可以自由地享受自己的价值，为自己骄傲。

归去来兮

也许有人会想："职场这么复杂，需要我思前想后地考虑这么多，而且每天的工作内容还很重复，得不到什么成就感，还搞得我挺累，算了算了，何必要跟职场死磕呢。世界那么大，我想去看看；或者就像陶渊明那样，留下一篇《归去来兮辞》，离开令人疲惫不堪的职场。我告辞了，去找更有意义的事做了，行不行？"

当然没什么不行的。每个人怎样过自己的生活都是个人选择。心智化并不是要让一个人变得圆滑，变得多"社会"，提高心智化能力不需要也不能够改变一个人的独特个性。但是，不管我们的个性特点是什么样的，通过心智化，我们能更深入地反思自己真正的需要、目标、感受等，这可以帮助每个人找到适合自己的生活方式。

只不过，仍然请你要记得，心智化的态度是保持开放的。所以，如果你觉得辞了职就一下子从完全黑暗的世界里跳到了阳光普照的世界，一切问题都解决了，那么，这种状态，又是非心智化的状态了。

如果我们能够心智化地去反思，我们将不会把任何选择看成极端好的或者极端坏的。任何选择都会有它相应的后果——所谓好的后果和所谓坏的后果。既然选择了，我们也同样决定了要承担我们的选择所带来的后果。

无论是留在职场里，还是去隐居，都是一种选择。**每种选择都有我们能从中获益的部分，相应的，都需要我们有所放弃**。当我们在这样的思考之下去进行选择时，不管做出怎样的选择，都是心智化的选择。

无论我们身在职场还是在隐居，采用多元视角，能够同时容纳不同的观点，这些都对我们的生活很重要。

▶ 健心房 8：多角度思维锻炼

因为内在的心理状态是看不见、摸不着的，所以我们也可以说，心智化是一种关于想象的活动。

哪怕是对于我们自己，我们有时也不能完全觉察到自己内在的状态，也需要动用想象力去推测自己："哎？我怎么做出这种事了？是不是跟之前发生过的 A 事情有关啊？"

对于他人，我们就更得发挥想象力了，当然，这种想象力是建立在我们对他人的基本理解和我们接收到的信息的基础之上的。

从这个意义上说,心智化也意味着我们有足够丰富的想象力,能让我们保持开放的态度,想象不同的可能性。但别忘了口诀三,把"肯定"换成"可能",一切皆有可能,要是我们只把想象出来的某一种情况当作正确答案,我们就没有在进行心智化了。

足够丰富的想象力跟我们的思维挂钩。如果我们的思维比较僵化,就很难多元化地想象不同的可能性。接下来的这个小练习,可以锻炼我们的一般思维能力,也可以借由思维的活跃,提高心智化能力。

题目

请用下面这 5 个词语,讲述一个故事(见图 4-4)。

咖啡 小辫子 骆驼 Wi-Fi 风

图 4-4 用这 5 个词语讲述一个故事

_____

_____

_____

_____

_____

_____

_____

_____

_____

_____

未来你也可以随机抽取 5 个词，继续给自己出题。

第三节 一般人际关系更顺利

▶ **应用场合一：给予时**

心智化的人际交流会让大脑更健康

日本东北大学加龄医学研究所的泷靖之教授在其书中提出，

人际交流会让大脑更健康。在与人交流时，大脑中的多个区域都会被激活，这是因为交流涉及理解对方说话的内容、思考后再回应、考虑对方的心情，并且还要遵守赴约的时间和地点等。这些活动都需要大脑前额叶的参与。虽然医学背景的泷教授没有注意到"心智化"这个议题，但事实上，他所描述的这类能够让大脑更健康的人际交流，就是心智化的人际交流。

以心智化的方式与人交往，不仅能够让我们的人际关系更顺利，还能额外带来健脑的益处。所以，学会心智化地进行人际交往，是值得我们努力追求的目标。

在人际交往中，难免会涉及给予与获得。说到给予，有时候，我们可能会觉得自己付出了很多，但对方似乎却没有体会到。我们也常常因此感到委屈和不公平。所以，我们有时发出这样的感慨："明明我是一片好心，怎么对方就是体会不到呢？我在这里掏心掏肺的为他（她）好，结果却费力不讨好，好心被当成了驴肝肺，我真冤啊！"

确实，如果我们的付出没有被对方接收到，甚至遭到误解，那一定是很糟糕的体验。

不过，除此之外，我们也可以心智化地反思一下，或许有的时候，这种费力不讨好的给予，是因为我们的行动本身缺乏心智化思考，在努力付出时，可能没有考虑到对方的需要、感受和期待。

只有在我们能够理解并尊重他人的感受，考虑到他们的需要时，我们的给予才能被真正理解和接受。 而为此进行的这些心智化的思考，也都离不开我们大脑的主动参与。心智化，不仅能够让我们的人际交往更顺畅，还能增加有益大脑的活动，促进大脑的健康发展。

非心智化的给予：不容置疑

在人际交往中，我们会以各种方式给予，从赠送物质上的礼物，到提供信息，再到分享观点，多种类型的给予时常发生。

- 这部剧特别好看，特别火，我希望你也能跟上时代，所以你一定要看。
- 今天食堂的菜真是美味，你赶紧多吃点……你吃啊，别不吃啊，一定得再吃两块。
- 我为你买了两个新枕头，是调养颈椎的，我用了特别舒服，所以也给你买了两个。回去就用上啊，赶紧把你家的旧枕头都扔了。
- 你看了我给你转发的那篇文章没有？写得太有道理了！简直是醍醐灌顶，里面说的方法，完全是适合咱们这个年龄、咱们这个文化水平的好方法。你一定要记着每天都按文章里说的去练习。咱俩互相监督吧，肯定能变得更好。

- 我这礼拜买了太多鲜花了，都摆不下了，给你放在你桌子上吧。看，这么一摆上，你这办公桌就不单调了嘛。
- 我跟你说，你这个偏头痛就必须多穿衣服，平时不能喝凉水、吹空调、吹风扇。你还得每天喝一小杯白酒，按我说的做，肯定能彻底好，你一定要相信我，我这是经过实践检验的。

从这些例子当中，我们可以感受到，这些言辞都是发自内心的。想要给予这些"好事物"的人，真心实意地希望对方也能感受到那些事物的好。

然而，这些话语里，都带着不由分说、不容置疑的味道，似乎我觉得好的东西，你也必须认同。在这种情况下，我们就把对方和自己完全等同了，对方成了和自己没有任何区别的人。话说得重一点，在这一刻，对方成了没有独立人格的傀儡。

听到我这样说，那些出于好意想要给予的人，可能会觉得非常委屈，"我并不是那个意思啊，怎么能把我想得那么坏呢"，这些委屈当然也是可以理解的，因为他们的出发点很可能确实是好心，但在非心智化的状态下，他们没有去体会对方是怎样接收的，没有意识到对方可能有不同的看法和感受。

这是常常令我感到遗憾的地方：行动的初衷是好的，但结果可能会让对方感到很不舒服，最终，给予者自己也会觉得委屈。

产生问题的关键点，就在于缺少了心智化，结果，一个原本善意的行为可能会给对方带来不好的体验。

别忘了我们的口诀三：把"肯定"换成"可能"。别人是"别"的人，是不同于我们自己的个体。我们觉得好的东西，可能别人也觉得好，也可能别人没有感觉，甚至可能别人和我们的感觉完全相反。

我们依然可以善意地去给予，不过我们可以说："我觉得这个很好，没准你也会觉得挺好的，你不妨试试。"或者说："我这礼拜买了太多鲜花了，都摆不下了，我想送一些给你放在你桌子上，你愿意吗？如果你不愿意也没关系。"

让我们回到人际互动链当中，逐步分析这段互动过程，首先，我们可以反思自己"想要给予"的动机，我们是否认为自己的看法是 100% 正确的，甚至是唯一正确的？接下来，当对方没有按照我们所说的去做时，例如当我们觉得某种食物非常美味，但对方没有吃，我们如何理解对方的这个行动？我们是把它理解为（环节三，理解）对方只是和我有不同观点，还是理解为对自己的拒绝和否定？我们会因此感觉到很受伤吗（环节四，感受）？

我想起我有一位朋友在某次出差时的经历。当他晚上回到酒店房间时，发现自己替换下来的内裤被洗好晾在卫生间里了，旁边还有一张纸条：

"亲爱的客人，我们注意到您的衣物没有来得及清洗，为了让您有宾至如归的感觉，我们已经帮您清洗干净。祝您在我们酒店里得到更好的休息，度过美好的时光。"

如果你是他会有什么感觉呢？我的朋友被吓了一跳，觉得很离谱。这家酒店的服务非常热情，甚至是不由分说地提供照顾，但他们真的"走心"（心智化）了吗？恐怕算不上。因为被这样强行照顾的客人，感觉非常不舒服，我的朋友表示这家酒店他再也不想来第二次了。

非心智化的给予：适得其反的安慰

在人际交往中，还有一种常见的挑战发生在当别人需要我们给予安慰时。

设想一下，你的朋友告诉你，他最近遇到了一些很糟糕的事情，例如：投资失败，导致经济损失（经济危机）；与爱人争吵不休，可能要闹到分手（感情危机）；今年的体检报告显示，多项指标严重超标（健康危机）等。

当你听到朋友的这些遭遇时，你会做出什么样的反应呢？

我猜，面对朋友的困境，你很可能会感到无所适从，不知道如何安慰。别人的苦痛，会引发我们内心中的恐惧，这是很自然的一件事。因此，我们本能的反应，就是试图迅速摆脱这些痛苦。

一种摆脱痛苦的方式是把痛苦和自己远远隔开，我们可能会装作没有听到，让话题快点过去，赶紧把谈话岔到其他话题上，或者是把我们的感受隔离掉，非常理智地给他摆事实、讲道理，帮他分析应该如何一步步地解决问题。请注意，我并不是反对摆事实、讲道理。但是，假如我们把理智与情感看作人的左脚和右脚，那么左右脚要相互配合才能顺利地行走。所以，如果我们急于摆脱情感，只用理性去进行分析，那就好像让一个人只用一只脚走路，并且无视另一只脚就在后面拖着。这就是为什么在别人需要安慰的时候，如果我们只是给予理性的解决方法，往往会引起对方的愤怒。此时，我们可能也会感觉到很无辜，觉得自己明明是在提供一些很好的方法，对方却不领情。其实，只有当我们也能注意到另一只受了伤的、被拖在后面的脚，对两只脚都予以关注，那时，两只脚才能配合起来走路。也就是说，在情感被看到、被处理的前提之下，理智的分析和解决问题的方法才能起效。

另一种摆脱痛苦的方式是否认痛苦的严重程度，或者是试图给对方一些不切实际的希望，例如，我们耳熟能详的反应通常是："没事儿，别想这么多了""不会的，你复查结果肯定没问题的""没事儿，一切都会好起来的"。我们多数人都是在这些"没事儿""没事儿"的声音中长大的，仿佛一句神奇的"没事儿"，就能够把糟糕的事情变没了一样。但事实并非如此，痛苦并不会因此而消失。然而，这种方式往往就是我们所熟悉的安慰方法。所以当需要我们去安慰别人的时候，我们手足无措，只好习惯性地祭出"没事儿"这个撒手锏了。

我们有时也会试图将痛苦归咎于命运，例如说，"最近运势不佳""这是天意"，试图用这样的方式让人觉得好受一点。

以上的这些方式并非没有可取之处，毕竟我们都在试图以自己的方式去帮助朋友，而且有些方式真的可以在一些特定的时期奏效。

然而，我想指出两点。

第一，上述这些给予安慰和帮助的方式，都太急于摆脱痛苦了。

我们都不想要痛苦，但关键是，无论是身体上的痛苦还是内心中的痛苦，都是很难被几句话消除的，有时即便暂时看起来好像摆脱了，往往也只是暂时把它屏蔽出脑海之外而已，而非真正的解决。

当我们心智化地去理解自己的这些反应时，我们往往会发现——这些试图快速摆脱痛苦的方式，往往是为了帮助我们自己

从那个不知所措的、无力的、无助的痛苦情境中摆脱出来。所以在面对痛苦时，我们需要自己是有办法的，需要我们的朋友也快点离开痛苦的情境，不要让我们再面对一个正在受苦的人了。

说实话，这样做无可厚非，因为这是我们为了保护自己而采取的本能行动。当我们自己没有办法耐受痛苦的时候，就需要先摆脱出来，保障自己的安全，之后才谈得上如何去帮助对方。这就如同我们坐飞机时遇到极端状况，需要戴氧气面罩，此时也必须先自救，先给自己戴上氧气面罩，然后才能去救他人。因此，在朋友遭遇痛苦的时候，如果我们行有余力，在并不处于"缺氧、窒息"的状态时，或许我们可以试着不那么急于摆脱痛苦，而是能陪着对方一起，在无助、痛苦的泥沼里待一会儿。这种陪伴本身对很多人来说就是极大的安慰。

第二，我希望你能注意到的是，从心智化的角度来看，我们上述提供安慰的方式，是能够促进对方的思考，还是令对方停止思考的？

或许我们的初衷是希望对方不要过多地沉迷于反反复复的纠结。过于纠结也是一种非心智化的方式，在那种状况下，人们完全被内心纠结的内容所淹没，但却无法做出真正有空间、有反思能力的思考。如果你是在这种前提之下，建议对方不要过度思考了，那也是一个非常有帮助的建议。此时，我们可以建议对方采用正念练习，这种练习能够帮助人把思绪和感受停留在当下。我在后面的健心房中会谈到具体的练习方法。

但如果我们只是为了迅速摆脱痛苦而说"没事儿，别想了"，那恐怕只是让对方停止了反思。把一切都归于命运，或者把理智与情感割裂、单纯理性地分析问题，这都会让人停止反思。

原本我们是想要安慰朋友，帮助朋友，让他的日子过得更好过一些，或许潜在地还希望他能够恢复心智化的功能，可以进行有益的思考，结果在无意中，我们反倒在建议他停止思考。这就适得其反了。

心智化的给予，健康的给予

前面我们谈到了在给予他人的时候，两大类容易踩到的"雷"。如果大家能够心智化地注意到这些雷区，有意识地反思，避开雷区，就能逐渐做出更心智化的给予。

此外，我还希望你能注意到的是，健康的给予，会让对方觉得自己很好，觉得自己是值得被给予的；健康的给予，不是通过给予，剥夺对方的主体性和能力。也就是说，不要让对方体会到，因为你无能，因为你自己解决不了，所以我要给予你；而是让对方体会到，因为你很珍贵，因为你值得，所以我愿意给予。

这样的给予和收获，对双方而言都是健康的，是对彼此主体性的促进。这样的人际关系才是健康的人际关系。

写到这里，我不禁回想起许多年前，我的一位朋友—— 一位30 岁出头的大男孩——发出了这样的感慨：

"为什么我的父母总是要用贬低我的方式来爱我！"

他当时深刻地体会到，尽管父母毫无保留地给予了他很多，他在理智层面也明白父母的确是出于好意，但那种被给予的方式，总是以"你不行，放着我来，你肯定做不好"的方式来体现。

举例来说，即使他只是要煮一锅速冻饺子，如果他父母在场，也会马上冲过来，夺他手里的勺子，说："哎呀，放着我来，你别煮坏了，你去休息吧。"

这样的父母就是我们身边普普通通的父母，他们的行动恐怕真的是出于好意，出于对孩子的心疼，但是，却在不知不觉间传达出来一种微妙的氛围，让子女觉得自己干什么都不行。

这种互动方式在他们之间已经存在了 30 多年，直到在我的这位朋友足够成熟，能够心智化地去反思他们之间的互动时，才在那一刻发出了如此无奈的感慨。他在那一刻的领悟和感慨，是如此痛苦，又如此触动人心，以至于那一幕过去了十几年，还会在此刻清晰地浮现在我的脑海中。

给予和获得原本就意味着一方馈赠，另一方有所需要，所以如果不加注意，很有可能会变成不平等的温床。因此，当我们去给予时，不管对方是我们的朋友、家人、同僚或下属、邻居、同学，我们都需要心智化地去觉察，自己是否也在不自觉地以打压的方式去给予。

▶ **健心房 9：健脑行动**

心智化的人际交流会让大脑更健康，反过来说，大脑的活化程度也会影响到心智化能力，这二者互为因果，相互促进。所以，这一次的健心房练习，让我们来换换脑子吧。

日常训练

这个练习说来很简单，每个人都有能力做到，但是又不容易，因为要改变你固有的习惯。希望你能在日常生活中定期去练习。

这项练习的主旨是要你去做一些习惯以外的事情，也就是去尝试一些新事物，通过这些简单的改变，让你的大脑保持活力。

- 平时不怎么读书的人，请尝试阅读纸质书。不要用你的手机或电子阅读器来读，换一种形式，不用手指触屏而是通过翻动纸张来翻页，这对大脑来说也是久违的新刺激。说不定你会发现，自己下意识地想用两根手指在书页上放大字体，这是因为我们的大脑已经过于习惯使用电子设备了。

- 只喜欢看文字书籍的人，请尝试看漫画。漫画书既有图画又有文字，靠画面的切换来推动情节发展，这些与纯文字的逻辑是很不一样的。可不要觉得这事很简单，是降维打击，我实际采访过一些从来没有接触过漫画的人，他们中的很多人表示，第一次认真看漫画书的时候看不懂，需要一些时间来适应。

- 购买咖啡或奶茶的时候，尝试一些从来没试过的新奇口味。能不能好喝先放在次要位置，当下我们的目的是用味觉给大脑带来新鲜刺激。你也可以仔细品味这款饮品与你通常喝的到底有哪些差异，提高感官的敏感度，从小事中提升辨别能力和判断力。

- 如果你喜欢观看球类比赛，换一种没怎么看过的球类项目试试。例如，如果你喜欢足球，也许这次可以尝试观看美式橄榄球比赛。因为不同的球类涉及的比赛规则、战术都不同，你的大脑需要快速运转起来才能掌握这些新知识。同样，如果你喜欢看舞蹈表演，换一种不怎么熟悉的舞种看看。我的意思是，你不用做太大的改变，例如，强迫自己从一个热衷于体育赛事的人变成喜欢观赏艺术的人，那可能太强自己所难了。毕竟，我希望你在生活当中做出这些改变的同时，依然能够享受生活。你不用变成另外一个人，你只要在保持自己特色的基础上，做一些调整就好。

- 如果你总是使用键盘打字，很久没用纸笔写字了，请尝试用纸笔书写。如果想增加一点难度，可以使用毛笔或其他不常用的笔。

根据你自己的习惯，你也可以想出其他尝试新事物的方法，请把它们列在下方，时不时地提醒自己做一做。

_____

_____

_____

_____

_____

_____

_____

_____

_____

_____

▶ **应用场合二：有需要时**

有需要才能成长

作为人类，我们天生就带着各种各样的需要。我们需要吃饱、穿暖，让自己生存下去。我们需要休息，恢复疲惫的身体和心灵。我们需要娱乐，为生活增添乐趣。我们需要成长，不断地超越自我。我们需要社交，寻找归属感。我们也需要独处，沉淀内心。我们需要支持，在挫折面前找到力量。甚至在某种程度上，我们也需要拒绝他人，保持自己的独立性，维护内心的平衡。

然而，当谈及自身的需要时，我们往往不自觉地希望自己可以不需要外界，不需要其他人。但完全意义上的自给自足、摒除一切需要，恐怕只有神明才能做到。也正因为如此，承认自己有需要，并不是一件容易的事，因为这相当于我们承认自己只是一个凡人，要直面自身的局限。

不过，也正是这些需要使我们成了有血有肉的人，它们并不是我们的软肋，我们的需要，正是我们人性的真实写照，是我们在这个世界上存在的印记。所以，承认自己有需要，并不等于自己是软弱的。相反，它是一种勇气的体现，是对自己接纳的体现。

因为有需要，因为有局限，所以人才能成长。

非心智化的模式：心理地图阻碍我获得支持

当我们发现自己有需要的时候，也就意味着自己在某个方面缺少了点什么，是不足够的。这种缺少了的东西，可能是食物，可能是两小时的睡眠，可能是被尊重的感受，也可能是自己的价值感。

我自己缺少了，而外界则有可能提供，这客观上的确是种不平衡。因此很容易启动我们那张感觉到不平等的心理地图。为了摆脱这种不平等的、觉得自己很弱小的感觉，我们可能会选择不去体会自己的需要，或者即使体会到了自己的需要，也不去寻求支持。

我之所以说这是我们内心当中的心理地图被启动了，是因为那种不平等、脆弱的感觉，并不是和需要完全挂钩的。"我没有，而外界有"，如果我们能够把这种状况仅仅理解为一种供需的不平衡，那么，也许你可以体会到，它并不意味着一方一定比另一方更优越。其实，这可以是一种互惠的关系，在这种关系中，双方都可以享受其中。

研究表明，安全型依恋的人的主要依恋策略是，承认自己的依恋需要，并且用语言和非语言表里一致地表达自己的需要。这是因为，在我们曾经被养育的过程中，当我们有需要的时候，如果养育者能够看到并尊重我们的需要，而且能够心智化地思考，根据当下的状况做出判断，合理地回应我们的需要，那我们将获得的心理地图是"我有需要是再正常不过的""不完美的我也是有价值的""有需要就表达，这不会对我有什么损害"，等等。

我这里所说的养育者合理的回应，并不意味着他们必须满足我们的需要。所谓的合理是指，他们确实能够根据当下他们自己的状况、我们的状况、环境的状况等，做出心智化的判断。在这样的判断之下，有可能我们的需要是不能够被满足的，但他们只是不能够满足我们的需要，他们仍然会尊重我们拥有这样的需要。例如，我很想喝一杯可乐（这是我的一个需要），但我的养育者经过合理的判断，认为我是不能喝可乐的，所以我的这个需要不能够被满足。但是一个心智化水平足够高的养育者，不会说："你怎么会有这种奇怪的想法，你根本就不应该想要喝可乐，你这种想法不对头"（批评），或是"你都这么胖了，喝什么喝"（指责、嘲笑），他们也不会说，"可乐有什么好喝的呀，可乐一点儿也不好喝，可乐难喝死了"（否定），或者"宝宝不想喝可乐，宝宝一点也不想喝"（歪曲事实）。而一个心智化水平足够高的养育者，会让我体会到，我想要喝可乐的需要是不能被满足的，但想要喝可乐的想法是可以被接纳的。

不过，在人生的早期，能不能遇到一个心智化水平较高的养育者，是一件凭运气的事。我们中的大多数人可能运气都没有这么好。所以，我们的经验往往是自己的需要没有被认真地对待，甚至遭受无情的否定，以至于我们拿到的心理地图是："有需要是可耻的""当我表达需要时，我将面临被拒绝的痛苦"，或者"即使别人满足我的需要，也会要求我付出代价"。

在需要支持的关键时刻，我们手上的这张旧心理地图可能会迅速启动，让我们不加思索地迅速做出判断，阻碍我们从他人那里获得支持。这些非心智化的反应，又把我们囚禁在自己的世界里了。

曾经拥有一个心智化功能足够好的养育者，是一件幸运的事。但如果我们没有那么幸运，要怎么办呢？

我们可以让自己和心智化程度低的人保持距离，减少他们对自己的影响；更多地花时间和那些心智化程度比较高的人在一起；不断地进行反思、觉察，提高自己的心智化能力，例如，多加使用本书中的健心房部分进行练习。**冲出自我囚禁的牢笼，这就是"我命由我不由天"**。

对于这张阻碍自己获得支持的心理地图，首先，我们需要心智化地去反思和觉察——到底我拿到的心理地图是什么样的？我们可以使用口诀一，暂停、跳出，去思考我怎么了，是怎样的心理地图影响了我所做出的行动。

然后，不要忘记重要的口诀三，把"肯定"换成"可能"，用口诀三来挑战我们手上的这张心理地图。

- 表达需要，我可能会被对方拒绝，但不等于肯定被人拒绝。
- 他人对我的拒绝可能是恶意的，也可能是出于其他考虑。
- 表达需要，有可能会被他人嘲笑，但是也不一定。

这样你会发现，心理地图中所指出的那些结果，只是可能性之一，并不一定会发生。但当我们确信那是唯一结果的时候，这些结果就已经在想象中发生了。

在你习惯了这样的反思之后，可以再去看看更下一层的心理地图，进一步思考"我怎么了"：

- 即便发生了那些可能的结果，但那又怎么样呢？

我们是不是还有这样一张心理地图：

- 如果发生了那些可怕的结果，我整个人就完蛋了。

那么，让我们再次使用口诀三吧：

- 如果发生了那些，我一定会完蛋吗？我有可能从那些被拒绝的痛苦、被嘲笑的耻辱感中存活下来吗？

请试着这样用更心智化的态度去面对我们既有的心理地图。不必太急着要求自己改变，就像打游戏拓展地图一样，我们可以一点一点地磨炼、升级自己，一点一点地让我们的心理地图变得更开阔。

非心智化的模式：因为表达得太隐晦而得不到

有的时候不是我们不想要，而是不知道怎么去要。这常常也受到我们的心理地图的影响，使我们不敢直接地表达。

为了缓解可能被拒绝所带来的巨大的痛苦和羞耻感，我们学会了用暗示的方法去表达需要。当然了，从我们过去的经验来看，这样做无可厚非，因为我们必须保护自己，希望自己免受伤痛，所以需要用那些模糊不清的表达方式，给自己留条后路。这都是我们从过去惨痛的经验中学习到的重要成果，是我们聪明才智的表现。

不管出于什么原因，如果你现在仍然身处险恶的环境之中，无法抽身，那么，隐去自己的真实需要，用模棱两可的方式去表达，的确是上佳的生存之道。假如你没有那么不幸，目前的生存环境相对安全，那么不妨提醒自己：我现在已经不需要用这么绝对化的方式来保护自己了，我已经是成年人了，如果对方无理地拒绝我，或者是不尊重我，我是有足够的人身自由，可以远离那个人的。

换句话说，如果我们确实身处某个牢笼之中，生命安全受到一定威胁，那么作为一种策略，我们得暂时把自己的真实需要藏起来。不过大多数情况下，是我们把自己囚禁在过去经验所打造的内心牢笼中了，我们误以为自己无法摆脱。在这种情况之下，隐晦地表达需要，就不再是一个可以被灵活地使用或放弃的策略，而成了僵化的、唯一的方式。

如果我们遇到一个非常善解人意的人，并且他愿意投入极大的热情去解读你的密码，那么，即便我们用隐晦的方式，暗示性地提出需要，也可以或多或少地得到满足。**不过这就有点像是我们在投骰子，把一切交给命运，把能不能得到满足变成了一场赌博。**

人际交往是一种互动，每个人在其中都有权利和责任。我们有权提出需要。我们的任何需要，哪怕听上去很荒谬，也有权得到尊重。反过来讲，我们也不能像赌博一样，把骰子投出去就什么都不管了。事实上，要想得到支持、帮助或者满足，我们有责任让对方知道，我们需要的到底是什么。

别忘了口诀二，别人不懂我，这才是正常的。如果我们在还没有把自己的需要说明白时就已经被对方理解了，那我们可不能把这种情况当作理所应当，而是要知道，这一次我们实在是太幸运了，中了大奖。

当我们的内心需求得不到回应时，常常会感到极度的失望。在这种情况下，我们可能会充满怨言。然而，如果我们能够暂时平静下来，为自己留出反思的空间，将"口诀二"和"隐晦"的表达方式结合起来思考，我们或许会发现：别人不懂我的需要，这是很正常的事情。就像两个人之间存在一层云雾，如果我以一种非常模糊和隐晦的方式提出需要，实际上就增加了这层云雾的厚度，使理解的难度加大，从而大大降低了我得到回应的可能性（见图 4-5）。

或许在生命中的某个时刻，这种隐晦的表达方式曾经对我们起到了保护作用。然而，在今天，它不仅无法再保护我们，反而相当于我们在邀请别人的拒绝或忽视，成了伤害我们自己的方式。

图 4-5　表达需要的方式不同，理解与回应的概率也不同

就当那些过时的心理地图是我们的旧校服吧，是时候请它们退居二线，穿上更适合我们今天的身材和身份的衣服了。让我们放下这种隐晦和模糊的表达方式，勇敢地面对自己的需要和期

待，用更直接、清晰的方式与世界交流，这样我们才能更好地得到回应和支持。

非心智化的模式：强颜欢笑已成习惯

在心理咨询室里，我经常会遇到来访者在讲述自己经历的苦难时，表情和语气很淡定，甚至脸上还挂着笑，仿佛是在讲述别人的故事。有时，他们还把这故事讲述得绘声绘色，甚至是十分诙谐的，在讲述到痛苦的情节时，他们仿佛说漏嘴了一样，轻描淡写地一带而过。他们倾向于把自己的感受和经历隔开，这种现象被心理学家称为情感隔离，他们以这样的方式保护着自己，和自己的痛苦保持距离。

我提到这种现象在心理咨询室中常见，并不意味着在日常生活中不常见。只不过，在日常生活中我们往往极难察觉到这些被隔离的情感。我们难以辨认笑容之下的泪水，难以感受到那些经历是痛苦的。

而在心理咨询这个特殊的环境里，训练有素的心理咨询师不仅会倾听来访者言辞的内容，也会观察他们细微的非语言行为。**更重要的是，咨询师会调动全部身心，去体会那些未被说出口的情感，这包括反映在咨询师自己身体上的感受**。在心理咨询中，很多时候，咨询师并不急于说点什么，而是调动自己的所有感官和心智化的思考能力，对来访者所说和所做的全部内容进行加工和理解。咨询师可能最终会以语言回应来访者，也有的时候，他对来访者的回应是超越语言的。这其中涉及许多心理咨询的原理，特别是动力学心理咨询的理论，但这不是我们这本书的重点，所以请允许我再次不详细展开论述。

与此不同的是，在日常生活中，如果有人以这种方式向我们叙述他的经历，我们很可能会被表象所欺骗，误以为他所经历的没什么大不了。我们往往难以真正了解他正在面对的困难，也并不知道他在心底深处渴望得到我们的支持和帮助。

然而，他却可能在内心中再次强化过去的心理地图："果然，没有人会帮我"，这个互动的发生过程可以参考前面的图 4-5。这是一种强迫性重复——那些痛苦的经历一再重演。尽管在意识层面上，我们希望避免痛苦的重复，但在无意识层面，我们却似乎邀请了这种痛苦的再次发生。原本是为了保护自己而采取的行动，竟然变成了让我们一再陷入痛苦的魔咒。

在心理咨询中，通过咨询师积极运用自己的心智化能力去理解来访者的内在世界，以心育心，这些习惯于强颜欢笑的来访者往往会开始意识到，其实，他们并没有完全放弃对他人的需要，他们也会失望，也会发出很委屈的疑问："为什么在我需要帮助的时候，别人都看不到？"渐渐地，他们能够更心智化地看待自己和他人间的这些互动，能够问出更有反思性的问题。

- 别人知道我需要帮助吗？
- 是他们对我的困难视而不见，还是我叙述的方式令别人看不到我的困难？
- 当我表现出拒绝承认痛苦和脆弱的样子时，会不会别人即使发现了我的困难，也不敢提供帮助？所以，他们的举动也许不是出于冷漠，而是出于尊重？

我想强调的是，当我们能够进行这种心智化的思考之后，并不意味着我们会立刻改变自己的行动，变得能够直接地表达自己的困难和需要。事实上，我们所经历的伤痛，需要时间来慢慢愈合，我们不可能、也没必要一下子变成一个完全不同的人。不过，当我们具备了这样的思考能力之后，虽然距离行动的改变还有很长的路要走，但我们可以改变心态，用一种全新的方式来看待我们和他人之间的关系。在这个意义上，我们就不会再完全受困于我们内心的牢笼了。

▶ **健心房 10：了解自己的困难**

这一次，让我们把关注点放在自己的困难上。我们经常会说，我想摆脱情绪的困扰，我想要摆脱不良的情绪，但我们不容易注意到，对于每个人来说，情绪上的困难是不一样的。

这项练习希望你能注意到自己独特的特点，注意到什么样的情绪是最困扰你的，并且帮助你来澄清怎么样可以更好地帮助自己。

题目

请思考以下问题。

1. 回顾自己过去的经历，想想看，有没有哪一种情绪对你而言是特别难以处理的？

_____

_____

_____

2. 以前，你采取过什么样的做法或想法，对于你度过这种情绪是有一些帮助的？

_____

_____

_____

3. 你能想到一些其他的方法，在未来能够帮助你度过这种情绪吗？列出想到的任何方法。

_____

_____

_____

4.如果在你即将陷入这种情绪之前，你最信任的人就在身边，那么，他（她）将通过你的哪些表现，来发现你即将陷入这种情绪了？

_____

_____

_____

5.那么，他（她）可以怎样帮助到你？

_____

_____

_____

▶ **应用场合三：发生矛盾时**

矛盾白热化！双方进入非心智化状态

在人与人的交往过程中，难免会发生矛盾。在发生矛盾、冲突的时刻，对我们的心智化是种考验。在矛盾冲突白热化的时候，交往的双方都可能停止心智化，进入非心智化状态。还记得我们在第三章中讲过的嘉文和晓楠的故事吗？在顺利的情况下，两个人之间的人际互动链是连续不断地进行下去的。但当他们被激起强烈的情绪，停止心智化的状态，认为自己对对方的推测就是绝对正确的，甚至做出一些自动化的反应，停止对自己和对方的理解，我们就会看到，他们之间的人际互动链断裂掉了，交流无法再继续。

在发生矛盾时，如果我们被强烈的情绪——如失望、愤怒、委屈、羞耻感等——所淹没，双方都可能不再能够关注自己和对方的心理状态，也就是说，此刻发生了心智化失败（见图4-6）。

我们可以看到，在双方都心智化失败的情况下，是不可能有效地沟通的。那个时候双方的交流只能鸡同鸭讲，各说各话，每个人都可能只从自己过去固有的心理地图出发，自动化地做出快速反应。

怎样重新找回我们的心智化？又到了回忆我们的口诀的时间了。

口诀一：暂停、跳出，思考对方怎么了 / 我怎么了。

这个时候请默念口诀一，从白热化的战场上撤退一步。因为在"战争"过于激烈的时候，我们的心智几乎会完全被情绪所淹没，没有空间进行有反思的思考。

暂停，让白热化的氛围稍稍降降温。由于撤退了这一步，在

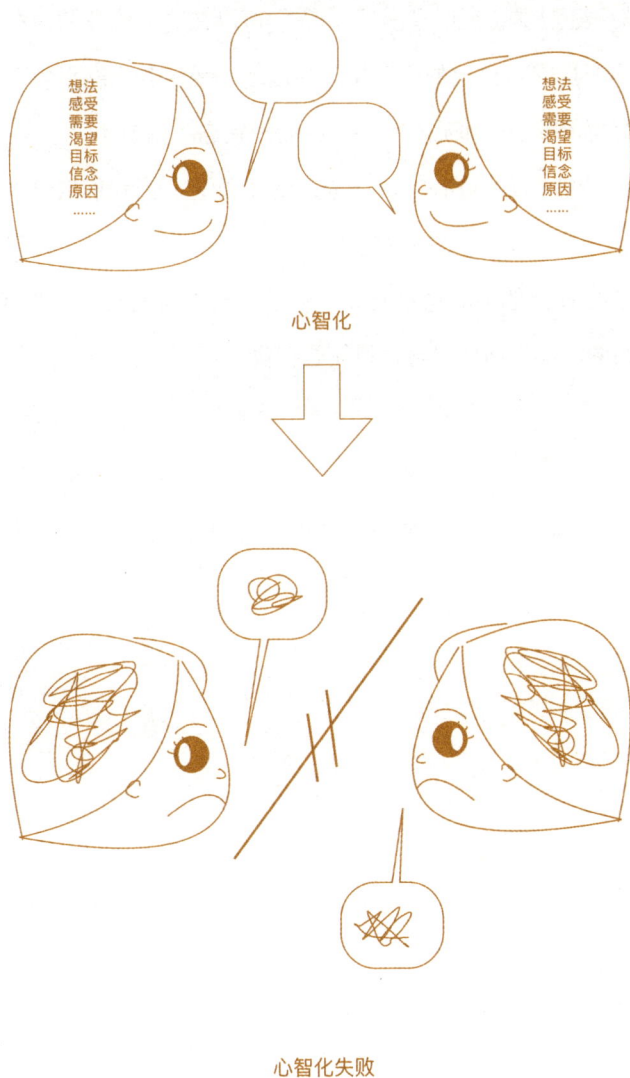

图 4-6 从心智化到心智化失败

心理的层面上制造出一些空间，我们可以在这个拉开的内在空间里，逐渐找回对自己的心智化。慢慢地，我们自己能平静下来一些，有更大的空间来心智化对方的心理状态（见图4-7）。

我们说"以心育心"，心智化带来心智化。当我们自己重获心智化后，就可以重新进入对话的状态。如果我们向对方说明我们在试图心智化他的心理状态，慢慢地，对方也有可能平静下来，从情绪的汪洋大海中脱身，重获心智化。

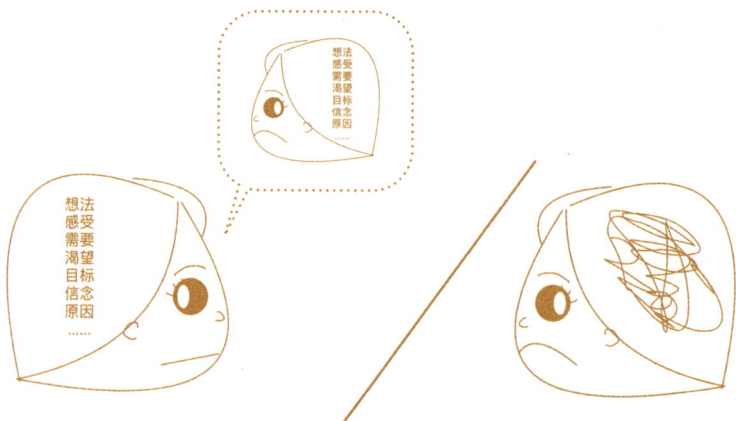

图4-7　重获心智化

重获心智化后的表达：别忘记口诀二

接下来就轮到口诀二的出场了：别人不懂我，这才是正常的。

这就涉及了我们如何心智化地去表达。表达包含了更清晰地讲述自己的观点——这可能是令我们和对方产生矛盾的观点，也包含了去解释为什么自己刚刚会情绪如此激动，也就是向对方表达对自己内在世界的心智化。当然，我们的表达也可以包含对对方的心智化，例如："也许我的感觉不一定完全正确，但我觉得，你刚刚情绪那么激烈，是不是因为……"

有时，我们的内心可能察觉到了自己和他人之间的矛盾和冲突，这在我们心里掀起了巨大的波澜，但事态看起来却没有那么激烈，原因在于我们选择了回避。因此，有的时候，有的人可能已经在心里暗下决定要跟另一个人断绝关系了——也就是说，不仅仅是人际互动链发生了暂时的断裂，而是整个人际关系的终结——但在表面上却不表现出来。

由于回避，我们可能不会与对方白热化地争吵，但我们可能会以一种暗戳戳的方式表达不满。那么，还是要回到我们的口诀二，即便是直接清晰的表达，对方也可能无法懂得我们的不满，暗戳戳的表达，就更加降低了被对方理解的概率。久而久之，这种做法会让我们的不满加剧。

另外，暗戳戳的表达中，往往隐含着我们对对方的报复，有时候我们把这种状况叫作被动性攻击：虽然我不明说，但我不能让你好受。对方也许没办法清楚地了解自己的不爽从哪里来，但他能体会到这种难以名状的不舒服的感觉。如果总是以这种方式交往，势必会损伤人际关系。

还有一种情况是压抑自己的真实感受——不表达，至少在可以意识到的层面上，完全不表达。不过我们往往没办法完全地压抑住自己的感受，所以可能会在无意识的情况下，暗戳戳地表达了，但却不自知。

整体上以压抑为主的交往方式，往往会不断地积累不满，直到有一天达到极限，那时，情感就会像炸弹爆炸一样爆发出来。并且，如果我们不主动去打破这种模式的话，这种"从压抑到努力压抑、到更加努力压抑、直到爆发"的模式会一再发生。这就像我们做饭用的高压锅，必须适时、适当地给它释放压力。如果排气阀堵住了，那么在锅的内部，气体会不断地膨胀，最终一旦超越了高压锅所能承受的极限，这口锅将会以极其危险的方式爆炸。

那就要说到"排气阀"了，有些人之所以要用压抑的方式回避矛盾，可能是因为不会合理地"放气"。

当我们讨论合理表达自己的观点时，有些人的反应是，无法想象在两个人的观点不一致的情况下，表达自己的观点还能够是合理的。因为他们所能想到的唯一的方法，就是出口伤人式的表达。

也许在他们的人生中，从其他人那里只学习到了这种出口伤人的表达方式，或者在过去，他们发现，只有通过大发雷霆或者言辞刻薄，他们的声音才能被他人听到。

请使用本书中的各项健心房，积极练习我们对自己的觉察能力，发现我们在表达当中的特定困难，发现影响我们心智化的心理地图。通过不断的练习，逐渐地让我们可以用更心智化的方式，合理地表达自己。

非心智化的反应：觉得全完了

一旦发生矛盾和冲突，有的人会快速进入一种非心智化的反应状态，觉得一切都完了，无法挽回了。这也是我们回避沟通的另一个可能的原因。就像我在前面所说的，一个人可能在心里觉得一切全完了，在自己内心里暗暗地和另一个人断绝关系，却不直接表达出来，结果，对方可能在很长时间里都不知道自己已经被绝交了。

对这些人来说，也许在过去发生矛盾争执时，他们曾经试图挽回，但在挽回的过程中，可能双方都仍旧处于非心智化的状态，所以各说各话，在心智化失败的状态下，只能进行无效的沟通。因此，最终给自己带来的感受可能是，一旦发生矛盾，再去解释、去修复关系，实在是太累了，而且吃力不讨好，反而令自己更加绝望。因此当矛盾再次出现的时候，他们决定，反正一切也要完蛋了，那就算了吧，就破罐破摔吧。

对于他们来说，鼓起勇气改变自己的模式，不是一件容易的事情。因为他们曾经掉进"发生矛盾—试图挽回—无效沟通—精疲力尽"这个大坑里，摔得满身是伤，如今遇到类似的情况，他们只想绕开走，以免再掉进坑里。这是很值得理解的。如果你也有类似的情况，不必勉强自己，但如果你还想做出一些调整的话，那么，在你准备好的时候，默念我们的口诀，用心智化的方式，尝试去做一些更有效的沟通。不过也请记得，对方很可能不会因为我们的沟通方式发生了变化，就立刻做出相应的改变。他们也同样需要一段时间，甚至也许是很长的一段时间，来做准备，慢慢地调整。因此，不要因为对方没跟上我们改变的步伐，就觉得灰心。

还有另外一种情况，一旦发生矛盾就觉得全完了，这或许是出于一种潜在的信念："在一起就要整整齐齐的，我们必须保持一致"。由于这种信念在起作用，我们会害怕任何的冲突、任何的矛盾、任何的观点不同。

这种信念是一种绝对化的信念。绝对化是一种非心智化的态度，心智化的态度是保持开放，一切皆有可能。所以请记起口诀三：把"肯定"换成"可能"。一旦发生矛盾，不是肯定完了，而是可能完了，但也可能没那么糟糕，甚至可能是关系向前迈进的契机。

如果我们愿意相信每一个人都是独立的人，都是能与其他人区分开的人，那么必然没有任何两个人可以完全相同地重叠在一起（有趣的是，这句话虽然使用了"必然"这个词，表达的意思却是强调事物的不确定性的。语言，和其他的事物一样，也要放在背景中去理解，而不要绝对化地去看待）。有人就有差异，有差异就意味着，有可能会有不同、冲突和矛盾。对于两个独立的人来说，如果他们的观点一致，这可以说是恰好的事情，出现不一致才是自然。

所以在发生矛盾冲突，甚至争吵的时候，试着不要把它想得太严重，这并不等同于世界末日，这只是很自然地发生了不一致而已。先把我们自己的思想和感受从那种天塌了、完蛋了的状态里解救出来，恢复心智化，再去慢慢试着解决问题。

诸葛亮说："势利之交，难以经远。士之相知，温不增华，寒不改叶。能四时而不衰，历夷险而益固。"把人与人交往当中遇到的各种状况都当作四季的自然变化，某个时刻心灵相通，某个时刻意见有极大分歧，在某些事上我们有共同的爱好，在某些事上我们对对方的热情感到百思而不得其解。这些都是自然会发生的事情，就像大自然的四季气候不同，有冷有暖。这样去看待人际交往，我们就不太容易因为他人的某个单一行为，就感觉到对方是忽冷忽热、捉摸不定的。

如果你仍然感觉到你和某个人之间的关系一旦有矛盾就完了，因此你必须小心翼翼、如履薄冰，那么，是时候重新审视一下你们的关系了。因为这意味着你们之间的关系——至少是在你的感受或想象中，你们的关系是非常脆弱的。这段关系似乎经不起四季的考验，而只能小心地放在某种恒温的保护膜里。这样的关系是人工的关系，是不自然的关系。

请试着用心智化的方式来反思你遇到的那些困难的关系。我们每个人都值得拥有"能四时而不衰"的人际关系。

▶ 专栏：心理状态和人际关系对心智化能力的影响

心智化能力可能会由于多种因素的影响，退回到比较低的水平，甚至导致心智化的失败。情绪是其中的一个重要因素，除此之外，诸如过度疲劳、意识蒙眬或是饮酒，等等，都会影响到我们的心智化能力。

曾经照料过小婴儿的人恐怕都有体会，当我们本来就极度缺乏睡眠，好不容易能睡上一会的时候，如果小婴儿又哭了起来，那么，在那种蒙昽的状态之下，我们有可能觉得这个孩子真是个磨人精，或者，如果我们疲惫不堪地工作了好几天，好不容易刚放松下来打个盹儿时，又被领导的电话吵醒，那么我们多半都会在心里大骂，觉得这领导简直是个彻头彻尾的混蛋。

在这些时刻，我们就进入了非心智化的状态，在那一瞬间，我们绝对化地认为对方就是充满敌意的恶魔。

你或许会问，那也许对方确实就是充满恶意的呢，我可能判断对了呀！

请允许我再次解释，心智化强调的并不是一种观点是对还是错，而是我们可以为反思性、可能性、不确定性保留一些空间。 对方可能是恶魔，带着这种怀疑，我去小心求证，根据我的判断，我觉得对方基本上极有可能是一个恶魔，所以我最好保护自己，远离他。这样的态度就属于心智化的态度。

当一个人退回到非心智化的状态后，如果身边有他非常信任的、令他有安全感的人在，并且这个人可以包容他的这种状态，那么，他就更有可能比较快地恢复到心智化状态。这是因为通过另一个人的存在，以心育心，使他与那种绝对化的感受之间，拉开了一些距离。

不过这里讲的包容，也许并不是我们通常以为的意思。这个包容并不是说，要与他一起进入非心智化的状态，赞同他，跟他一起指责说："对，他就是个磨人精，你的领导就是个十恶不赦的混蛋。"

但我们也不能保持一个"冷静"的状态，要求他回到心智化的状态里来，例如，试图让他回到现实，劝说"看看孩子多可爱""领导平时对他多好"。要求一个人回到心智化的状态，对那个人是没有任何帮助的。这就好像一个人在河里已经呛了好几口水，感觉自己快要溺水了，这时候另一个人站在岸边说："你观察一下周围呀，离你不到两米就有一块木头，你看，你只要学我这样划水就能够到木头了。"这话也许完全正确，但对那个即将溺水的人来说，却并没有帮助。

这个包容的人，或许只是愿意陪着他，听他吐槽，理解他的感受，提供足够大的空间，那个暂时退回到非心智化状态的人，就可以慢慢恢复到自己的常规状态了。

▶ 健心房 11：安全空间

那么问题来了，如果我暂时找不到任何令我感到信任，感到安全的人呢？还有其他的办法，可以帮助我更快地恢复心智化吗？

在心中想象一个暂停键（参见第三章），按下这个暂停按钮，跳出当下的情景，这是一个操作最简单的方法。配合上深呼吸，就能帮助你，更有效地按下暂停键。

然而，如果在有的情境下，你的情绪太过激烈，或者那个情境不仅引发了你的愤怒、不满，还引发了你的羞耻感、恐慌等更脆弱的感受，仅仅按下暂停键可能就不足以为你提供安全感了。

为了应对这种可能的状况，你需要在平时心情不错的时候，就经常练习，在自己的心里，为自己创造一块安全的空间。当遇到极端情绪的时候，我们可以先退回到这个内在的安全空间中，等我们在这个空间中感觉到足够安全了，我们才有可能回归到相对平静的情绪状态，重获心智化。

日常训练

请在平时多进行下面的练习。

找一个令你舒适的地方，确保在接下来的一段时间里，你可以不受打扰。你坐着或躺着都可以，找一个令你感觉舒适放松的姿势。

深呼吸。你可以闭上双眼或微闭双眼，让自己暂时免受外在环境的影响，进入自己的内心世界。

保持深呼吸，慢慢感受自己从头顶、脸、脖子、肩膀、胸、肋骨、手臂、手、腹部、臀部、大腿、膝盖、小腿、脚踝、脚底，全都放松了。

想象一个让你感到最放松和安全的地方，它可以是实际存在的任何地方，也可以是由你的想象创造出来的地方。

这是一个让你感到被保护的地方。也是让你感到愉悦的地方。

在这里多待一会儿，试着去注意这里的样子。

这里有颜色吗？如果有的话，有哪些颜色？

这里有声音吗？如果有的话，有哪些声音？

这里有气味吗？如果有的话，有哪些气味？

在这里，你感到很享受，你是安全和受保护的。

请记住这个属于你的地方。

在任何需要的时候，你都可以在脑海中回到这里，暂时休憩。

现在，你可以慢慢地感受自己从脚底开始，从下到上，慢慢恢复到清醒的状态。慢慢地唤醒你的身体。

慢慢睁开你的眼睛，不必着急，你可以再多体会一下身体和心理的舒适感觉。

注：你可以先把上面这段话录下来，记得节奏要足够缓慢，然后可以闭上眼睛，跟随你的声音来做这项练习。

第五章

心智训练：获得内心成长

05

第一节 更协调的自我

▶ **打内战的自我**

为什么有的时候我们觉得明明什么都还没有做，就已经感觉累得不行？原因之一，是我们的内在世界正在打内战呢。

自我原本是一个整体。当然，作为复杂的人，我们内在也会有不同的部分，经常会出现冲突。就好比今天的晚饭吧，你看着餐馆的菜单，每道菜看上去都不错，每道都挺想试试的，但肚子就那么大，钱包就那么厚，总是要有所取舍。

原本作为一个整体，我们心中的不同部分是可以以协商的方式来进行选择的。但它们有的时候偏拒绝合作。自我的各个部分之间搞分裂，互不相让，结果在我们的心灵内部大打出手。有的时候，这些内战是暂时性的火力冲突，但有的时候则成了无休止的大内战。所以我们能不累吗？因为我们每天都消耗大量的精力在打仗呢。

让我们先来看看心理内战的几种典型形式吧。

自我怀疑，内耗

几乎每个人都有过自我怀疑的时候。

自我怀疑本身可以是健康的。**一个人如果完全否认了自我怀疑，我们会称他为自大狂**。在这里我使用"否认"这个词，而不是说"完全没有自我怀疑过"，是因为我相信，作为人类，自大的人也曾或多或少有过自我怀疑，但是他们倾向于使用否认（有意识或无意识的否认）的方式，把这种感受排除在自己的体验之外。

健康的自我怀疑，可以让我们更理性、更谦逊，可以让我们把事情想得更周全。

如果自我怀疑并没有强烈到淹没一切，也就是说，我们的内心中仍然有足够的空间来思考这种自我怀疑，那么，我们就可以心智化地进行自我反思、自我探索。如果没有这种健康的自我怀疑，我们可能无法进步。

所以，我这里说的健康的自我怀疑，是指不用某种定义来限制自己、对自己存有疑虑、对自己未知的部分感到好奇。

如果把好奇看作健康的自我怀疑的氛围的话，内耗的自我怀疑的氛围不是好奇的，而是紧张、不安，乃至恐惧的。

这种氛围可能是弥漫性的，导致一个人不管做什么事情都战战兢兢、畏首畏尾的。他总是在思虑："我这样做是可以的吗？我刚刚这个话，是不是有点不合时宜？别人会不会觉得我昨天很不得体？我可以穿这件衣服去参加聚餐吗？那个地方我应该去还是不应该去？会不会我刚才点的那道菜，别人都不喜欢吃，或者价钱比他们点的高了？他们都点了 A 套餐，我虽然想吃 B 套餐，但这会不会显得太不合群了？"

这样的思虑贯穿了大事小事。他们的整个生活可能始终充斥着这样淡淡的不安，也许这些感受没有多么突出和强烈，但却始终如影随形。所以，即便他们在思考每一件事的时候，消耗的精力并不那么大，但累加在一起，内耗就极大了。

内耗的自我怀疑会让人对自我的思考过了头，严重的时候，事无巨细都要去想一想。而且这种思考往往没完没了，根本停不下来。

他们会不断地在思想中反刍。所以，他们的很大精力都放在了过去。他们不断地回想过去："我做的那件事有哪些细节不合适？"他们也常常后悔："当初我怎么就没想到……呢！如果再来一次，我必须做得更好。"所以，他们的另一部分精力又放在了对未来的想象中，想象未来会发生某个场景，反复想象怎么能做到最好。**他们大量的精力都花在反复回顾和反复彩排中了，所以，从时间的维度来看，他们仿佛更多地活在过去或者活在未来，很少能够活在当下。**

遗憾的是，他们的思考不仅过了头，而且通常是无效的，因为他们的内在没有空间了。他们满脑子都被"我怎么了（过去），我应该怎么做（未来）"所占据，没有内存（心理空间）留给当下的现实了。所以，虽然他们的脑子里仿佛有着大大的"我我我"，但这个"我"始终被不安全感所驱使着，他们希望能有个尽善尽美的"我"，不能对最重要的、当下真正的"我"做建设性的思考。

希望自己变得更好，这难道不是一件很有建设性的事情吗？是的，我们心智化的、健康的自我怀疑，也是在迈向更好的方向。但是，在心智化的状态里，我们不会认为存在一个"最好"，不会强求尽善尽美。我们会很好奇"更好的我"是什么样子的，所以就好像前面有一个目标，我们饱含希望地朝前走。

而内耗的自我怀疑，更多的是担心自己不是那个"尽善尽美的我"。在他们的固有心理地图中，不完美是不会被接受的，不完美甚至是很可怕的。这种恐惧就像是追在他们屁股后面的一头怪兽，他们担心被它吃掉，所以被这种恐惧驱动着向前走。

二者看起来都是往前走，但动力完全不同。

如果我们把这两种"往前走"都比喻成旅程的话，心智化的、健康的自我怀疑，是一场充满享受的旅行。我们很期待看看前面有什么，我们能注意到沿路的村庄，注意到拍打在脸上的风，注意到风里带着的气味，注意到路边的花花草草。

而内耗的自我怀疑，是一场逃难之旅。我们全部的精力都放在"要活下去，不要被吓人的怪兽吃掉"，哪还有精力注意周围的环境啊。这恐怕也是很多内耗的人会在无意中使用这样的语句的原因："我太累了，我只想躺下来好好睡一觉""我只想躺倒，能休息就行了"。因为在那种逃难的状态之下，我们甚至连要去哪里都不清楚，只是拼命地想要离开原地。"逃难"让我们的身心俱疲，只想能够找到一个安全的地点停下来。

但如果只有完美才不会被吃掉，那我们是不可能停下来的。我们只能拼命地跑，直到有一天实在跑不动了，只能放弃，直接躺倒在地上。从这个意义上来说，"卷"和"躺平"，其实都差不多，可能同样是在被恐惧所驱使。

破坏性的自我批评

从字面上我们就能感觉出来，自我批评比自我怀疑，有更大的破坏力。

我还是要说，"批评"这个词本身可以是个中性词，不一定就是坏的。有的时候我看到人们学了一些"心理学"的技巧，没有变得更自由，反而变得小心翼翼，他们被告知批评是绝对的禁忌，绝对不能使用批评，仿佛只要加上了"批评"二字就肯定是伤害。现在你已经看我说了很多次心智化了，我猜你能够做出判断："绝对""绝对不能""肯定"，这些都是非心智化的表现（这是我对正在阅读这本书的你，进行心智化。）

如果我们说的"批评"是就事论事地指出问题或错误，那也没有什么不健康的。

破坏性的批评和自我批评，不是就事论事的，而往往是因为某一件事就否定整个人。甚至我们过去所经历的"批评"（破坏性的批评）是带有羞辱性的，说是批评，其实更准确的描述可能是"贬低""挑剔""唾骂"等。

在我们心中进行大内战的自我批评是极具破坏性的，有时给人的感觉是真刀真枪地在攻击自己。

我们也常看到一种现象，我们对他人对自己的评价很敏感，甚至会把他人中性的言谈举止，当作对自己恶意的攻击和伤害，对此，即便我们在行为上不反抗，我们的内心也是拒绝的，是愤怒的，是感到受伤的。而有时，我们会用内在的语言对自己进行猛烈的攻击。所以，仔细思考一下这种现象，这就相当于我们不允许别人这样对待自己，但是却允许自己伤害自己。

我们的自我伤害，甚至可能比别人对我们更狠。

- 我昨天没有早睡，我真是个垃圾。
- 我昨天没有勤奋地熬夜工作，我真是个垃圾。
- 我没有早起，我真是个垃圾。
- 我没让自己多睡一会儿，不会照顾我自己，我真是个垃圾。
- 我没有把那件事做完美，我真是个垃圾。
- 我又被别人嫌弃了，我真是个垃圾。

这种"自己打自己"的现象真的会把我们的内在世界打得满目疮痍。

有时我们具有破坏性的自我批评不是上述这种风格的，但同样令人很痛。

我们可能会对自己非常苛刻，尽管这种苛刻往往就像我们周围的空气一样，如果不加以分析，我们可能都感觉不到自己是如此苛刻。

对自我苛刻的典型表现是，如果一件事情我做到了，那是理所当然的，如果我没做到，就应该狠狠地被批评。

所以你看，在这种状态里，我们几乎很难得到成就感、对自己发自内心的欣赏、自豪、为自己骄傲、感觉到自己有价值。

在这种苛刻的自我批评之下，我们的心智被潜在的"我不好"这张心理地图所接管。所以无论我们做什么，能被关注到的焦点总是缺点、不好、不足，而没有办法看到自己的优点和达成的成就。

可不要觉得"成就"是一个宏大的词，非得是指成就一番伟业。"不积跬步，无以至千里"，古人说的"跬"指的只是区区半步（《说文解字》说"跬"，"半步也"），充其量是很小的一步。而我所说的成就，就是指跬步，是结结实实的一小步。每向前迈一步，都到达了一个新的点，都是了不起的新成就。

所谓"不值一提"的事，其实都是至关重要的大成就，值得庆祝。当然，这里说的庆祝是内在的感受，而不是说非得去做点什么。**通过这样不断地自我庆祝，为自己感到自豪，我们才能够积累起真正的自我价值感。**

内在冲突

内在冲突人人都有，人类就是这么复杂的生物。不过，有时内在冲突实在太大了，就会对我们产生很大影响，甚至直接影响到我们的行动力。

一件事，我们可能会在"想干""不想干""还是干吧""要不算了"之间反复横跳。结果把力气都花在横跳上了。

有的时候是我们太要求自己自控了，所以有意识地给自己设置了一些规定，要求自己去做，或者不去做某件事。但是我们内心中的其他部分不买账，它有另外的想法，结果这两种想法相互僵持，各不退让，造成了我们的反复横跳。或者有时候，哪怕我们主观感觉上已经下定决心了，但就是行动不了。

就拿减肥来说吧，有多少人想通过节食的方法来减肥呢？而早在20世纪40年代，著名的明尼苏达饥饿实验（starvation experiment）事实上就已经打碎了我们通过节食来减肥的梦想。

明尼苏达大学的生理学家安塞尔·基斯一向关注食物和人类行为之间的关系。1944年11月至1945年10月，为了探讨饥荒问题，他主持了这次实验。实验从超过100名的报名者中，选取了36名身心健康程度最高的年轻男性。在实验第一阶段的3个月中，这些志愿者的饮食和运动是被控制的，但基本在正常范围内，他们每天摄入3200大卡热量的食物。之后是6个月的半饥饿期（semistarvation），每天摄入的热量减半，菜品也非常单调。最后3个月是恢复期，会逐渐增加热量的摄入，菜单上也有了更多种类。

基斯博士这项研究报告的标题是《人类饥饿的生物学》（*The Biology of Human Starvation*），所以后世对这篇论文的引用，比较多地集中在生理变化方面，例如，他们的体重大幅下降，后来又更大幅度地反弹。在引用时，有时也会提到心理的变化，但往往几笔带过，概括性地说他们无精打采、抑郁、易怒。这些被引用的心理变化，我们即使不看研究，也大致能猜得到。在我看来，这些引用都忽略了真正重要的心理和行为的变化，那些是我们很难想象的变化。

在心理和行为层面上，这些志愿者们最普遍的变化，就是满脑子全是食物那点事，他们心理层面的"内存"几乎全被食物占满了。由于满脑子都是"食物、食物、我要吃！"，从事日常熟悉的活动对他们来说越来越困难。与食物相关的一切成了他们日常对话、阅读（读以前从来不读的菜谱书、菜单、有关食物的宣传单），甚至白日梦的中心主题。、

尽管在实验之前他们都对烹饪没有什么兴趣，但有 40% 的人开始计划在实验结束之后去做厨师，而事实上，后来确实有 3 个人转行做了厨师。

他们也开始囤积。从攒菜谱书、菜单，到收集咖啡壶、电炉子和其他厨房用品。随后囤积扩展到与食物无关的东西，例如，小摆设、旧书刊、根本用不上的二手衣服等，甚至有一个人开始到处翻垃圾桶——这个人后来受不了自己的这些行为了，主动要求退出实验，进入大学附属医院的精神病房接受治疗。

一天中的大部分时间，他们都在计划要怎么吃分配给自己的

有限食物、以什么样的复杂仪式去吃。

由于吃不到太多食物，他们开始大量消费咖啡和茶。他们消耗得实在太多了，以至于实验者限制他们每天最多只能喝9杯。他们也开始不停地嚼口香糖，直到实验者发现有人一天嚼了40包口香糖之后，也不得不限制他们嚼口香糖的数量。

不仅仅是在挨饿的时候会这样，等到了恢复期，他们可以吃更多东西了，上述这些反常的态度和行为，基本上也都在持续。甚至在3个月的恢复期结束了之后，有人仍然在抱怨他经常在吃了一顿大餐之后，立刻就感觉饥饿。

事实上，这些志愿者的确感到抑郁、焦虑、易怒，但他们情绪上的困扰比这种简单的描述更严重。有两个人出现了非常严重的精神紊乱，中途从实验中退出，被大学附属医院的精神病房收治。

在恢复期，这些情绪上的困扰也并没有因为可以吃东西了就消失，而是至少持续了几个星期，其中有些人的状况非常糟糕。有一名志愿者在可以恢复正常饮食的两周之后，在日记当中写道，他感到自己比以往人生中的任何时候都更加抑郁。他认为要想让自己从这种抑郁中解脱出来，唯一的方式是从实验中脱身。可是要怎么从实验中脱身呢？他能想到的唯一的方法，就是要摆脱自己的一些手指。所以他用千斤顶把车顶起来，然后让汽车砸到他自己的手指上，把自己的 3 根手指砸断了。

所以我们可以看到，因为不能自由地吃东西，简直已经把这些人逼疯了。由于不能吃东西，他们满脑子只想着吃东西这一件事情，这让他们的思维变得狭窄。

就像那个把自己手指砸断的人，他甚至想不到其实有更温和的方式来退出实验。在这样的状态之下，他已经失去心智化的能力了。他不能去思考："这个实验我是自愿参加的，我其实也可以要求退出"，因为实验者并没有囚禁他们，也有其他志愿者中途主动要求退出了。但是人在那样的非心智化的状态之下，已经没有任何心理空间去做正常的思考了，最终他能想到的，就是以这种伤害自己的方式，让自己不要再去遭受折磨和痛苦了。

对食物的需要和许多其他原始的需要一样，力量都非常强大。我们千万不能低估了压抑这种力量所带来的痛苦。别忘了这些志愿者在参加实验前都是身心非常健康的人，他们有着非凡的意志力，才能忍受这种实验。就像其他那些以极端的方式伤害自己的人一样，我们不该对他们的行为品头论足，而是应该反过来去体会，他们实际上遭受了多么大的折磨和痛苦啊！

我用这个实验来举例，一方面是想让你知道，在一些极端的情境之下——如逼迫自己去做某些事时，我们可能已经进入了一种饱受折磨的状态。我们有时可能会相信，人就得坚韧，人就得自律，人就得逼自己。但是，这样我们就分成了两个"自己"在内战，一个"自己"在逼迫，另一个"自己"在被逼迫。有时，"逼迫的自己"把"被逼迫的自己"逼得太厉害，结果，那个"被逼迫的自己"可能无力反抗，也无法再进行心智化，结果，进入了身心不健康的状态。

另一方面是，希望你能发现，我们逼自己往往是适得其反的。假设你有一个减肥的计划，你越是狠狠地逼自己，越不让自己接触某些食物，你就越会渴望它；你越是让自己不要想吃东西，你就越会疯狂地想要吃东西。这就像是大禹的父亲鲧治水一样，他越想把河流堵住，河水就越发堵不住，最终演变成洪水，造成灾难。

我们的大脑是一个非常耗能的器官，所以我们的大脑既聪明，又在有的地方傻傻的，因为它会想方设法地去节能。所以，当我们对我们的大脑说"你不要……"的时候，往往我们的大脑听到的，不是那个"不要"，而是听到不要的那个东西。例如当我说：

你千万不要想起老虎的样子！

你挣扎着不要想，不要想，但是除非你从来没见过老虎的图片，否则，不论你怎么克制，脑海里都极有可能会浮现出老虎的画面，你没办法抑制它。

所以从大脑工作的角度来说，我们不能用"封堵"自己欲望的方式，给自己制造障碍。以这样的方式要求自己自律，是达不到效果的。

▶ 统一起来，共同打怪

我们的心灵内在不统一，有的向左有的向右，甚至相互打架，结果，哪里还有精力跟外在困难打仗呢？

自己和自己打仗，想想看，谁能成为赢家？有时候似乎看上去某一部分的自我赢了，例如：

- 尽管我痛苦得把自己的手指甲都啃秃了，但我还是坚持节食打卡一个月啦！

看上去是那个主张节食的自我赢了吧？这当然也是达成的成就，这不可否认，我们会体验到成就感，觉得自己是自律的，为这部分的自我而骄傲。不过，另一部分自我也是我们自己啊。那部分自我虽然被淡化，被一笔带过，但显然**"它是那么痛苦"**。就像刚刚的这个句子中的主语的使用一样，在非心智化的状态下，我们倾向于把一部分的自我异化，用"它"来称呼，并且仿佛它不属于我们。

但是，我们无法因为异化"它"，就摆脱一部分自我。哪怕我们试图忽视"它"、疏远"它"，但那部分自我还是会在我们心灵内部起作用。

所以再想想我们刚才的问题，谁能成为赢家？那个最大的、整体的"我"，是输了还是赢了？也就是说，各部分自我的收益和损失的总和是什么样的？恐怕这都不是零和博弈，而是负和博弈（总和小于零，双输）吧。

自己和自己打仗，这可不是《射雕英雄传》里的"双手互搏"。周伯通让自己左手和右手打架，那是在玩呢。虽然他被困在桃花岛的岩洞里十五年，但正是因为老顽童周伯通有那股玩乐的劲儿，他才活得下来。换句话说，虽然外在空间逼仄，但他有足够的内在空间，可以想办法跟自己玩耍，所以即使这十五年很痛苦，老顽童依然能坚持下来。他的内在世界大多数时候能统一起来，共同面对外在的"敌人"。

我们的自我虽然由不同的部分组成，但应该作为一个统一体存在。**我们不必追求自我的各个部分完全整齐划一，因为那样的人生可能过于单调，失去了为人的乐趣。**但它们可以"和而不同"，自我的各个部分加在一起的合力，应该大于零，这样才能推动我们去面对外在世界的种种困难。

要想达到这一点，办法之一是使用本书中的健心房做日常的练习，增强心智化能力，让我们在关键的时刻，能够保有一定的内在空间。

▶ 健心房 12：正念练习

在阅读本书的过程中，你可能已经发现，我们的很多烦恼都来自过去和未来。担心某件事自己做得是不是不够好（过去），紧张明天的报告如果反响不好怎么办（未来）。奶茶买到手却后悔了（过去），这下又要长胖了（未来）。仔细想想看，何止是很多烦恼，或许我们的多数烦恼都是关于过去，或者关于未来的。

摆脱这些烦恼的方式，是活在当下、觉察当下、享受当下。先把花了奶茶钱的心疼和可能长胖的焦虑暂时搁置，享受当下奶茶的味道吧。所谓暂时搁置，并不是让你否认那些感受，而是因为那些心疼和焦虑往往影响了你当下对奶茶的感受，心智的内存都被心疼和焦虑占满了，结果可能你奶茶也没喝好，连它到底是什么味都没注意。

那具体要怎么做到活在当下呢？备受推崇的方式之一是正念，它被视为认知行为疗法的第三次浪潮。这种方法被许多脑科学的研究证明了有效性，并且不需要额外的工具，容易上手。

正念与冥想、打坐不同，它并不强调宗教性。我曾在现任日本正念学会理事长越川房子教授门下求学，她总是强调正念要记住两个关键点：觉察和接纳。记住它们，就能掌握正念的要领了。

日常训练

正念有多种练习方法，你在做瑜伽的时候保持有觉察的呼吸，这也可以视为正念练习的一种。心智化、正念、瑜伽的呼吸法、腹式呼吸……我们可以列出一长串有相通之处的方法。

我这个人比较懒，所以我通常推荐在生活中加入正念练习，这样就不必额外找时间练习了。所以你可以正念地刷牙、正念地扫地、正念地洗澡……只要记得"觉察"和"接纳"这两个要领就行。

那么具体怎么做？说了半天，觉察和接纳到底怎么用？

让我们用正念喝奶茶来举例吧。

请让自己慢下来，对自己接下来的每一个动作保持觉察。为了不过于啰唆，我会简化动作，你可以按照自己的节奏来进行。

拿起这杯奶茶，体会它的重量。

把它拿到嘴边，也许你可以闻到它的味道，体会这种气味。

现在慢慢地喝上一小口，注意当奶茶接触到你的口腔时，那是什么样的触感？它是什么温度、味道呢？你能品尝出哪些味道？当它接触到你的舌尖时，以及进入你喉咙的时候，这些感觉有什么变化吗？慢慢地，体会把第一口奶茶咽下的感觉……

就这样，你可以试着去觉察。

接纳是指，当我们在正念时，意味着活在当下，我们会有各种各样的感受，甚至有所谓的杂念冒出来，这都不要紧，接受它们存在就好了，不要做任何评判。

例如，你可能感到这杯奶茶不好喝。这虽然有判断的成分，但也可以认为是你的感受。接纳的态度是，不要评判"哎呀后悔了，不该买""都是添加剂，不值这个价钱"，你要把这些评价、思维判断暂时搁置。如果不好喝，就继续体会不好喝的感受好了。

我建议你每天抽 5 分钟来做正念，如果 5 分钟对你来说还有困难，缩减到 1 分钟也没关系，重要的是持续地进行练习。

第二节 更清晰的自我

▶ 模糊的自我

"认识你自己"，这当然是一件需要终生探索的事情。它很不容易，但是又往往吸引着我们。我想，多数人都曾用过一种或多种方法，来试着了解自己。有的人通过写作来触及心灵，有的人选择和心理咨询师一起来探索自我，有的人求助于星座、各类人格测验等方法，来理解自己。每一种方法都各有利弊。例如，我自己受益于用心理动力学取向的心理咨询来探索深层的心灵，但坏处是太花时间、费脑力和心力、也太费钱。而使用网络上的各种人格测试，可以让我们相对快捷地获得对自己的认识，但缺点是得到的结果太简化了，并且具有局限性，关于我们自己最有趣的、最独特的那些部分，没办法在这样的方法中得到确认。

在与学生探讨他们的心理咨询工作时，我常常会让他们谈谈对来访者的印象。有些来访者，尽管外观上的样子很容易被描述出来，但是关于这个人本身，关于他在心理层面上的"样貌"，甚至在心理层面上的"轮廓"，都是很模糊的。有的时候我会这样形容这类来访者，"似乎我不太能够想象出他的'形状'"，或者，"我感觉他像是一个'影子'，我不太能看得清楚"。遇到这样的来访者，我通常会建议学生多用一些心智化的方式与他们工作。

也许你会觉得，心理咨询离我远着呢，我才没病呢。然而从本质上来看，我觉得心理咨询不是关于病理的工作，而是关于"认识一个人"的工作。

关于自我，我们每个人都会有认知的盲区，我们也不可能完全看透、理解透一个人，不论是他人还是自己。在本书中，我们期待的是通过心智化，能够更多地理解自己，拥有更清晰的自我。

先让我们来看看，一些典型的非心智化的情况。

暂时的迷失

"只在此山中，云深不知处"，所谓当局者迷，我们每个人都会遇到觉得很困惑的情况，不知道自己被放在什么位置上，或者不知道自己怎么了，不知道自己为什么会做出某些举动。

只要我们仍然能够进行心智化，我们就可以忍受这种困惑，最终不再受这种困惑困扰。我没有说这些困惑最终会被解开，是因为人生就是充满局限性的，有很多谜团是解不开的。但心智化的我们可以接受这种不确定性，接受我们的局限。但我也没有说不去解惑，当我们去进行心智化时，就可以在一定程度上解决我们的困惑。

拿"云深不知处"来举例，假设你真的爬到了某个云雾缭绕的大山里，手机没有信号。你可能拍下了许多周围景色的照片，打算下山以后在网上搜搜看，看能不能推理出你当时的具体位置。这都是你在心智化地想办法，试图收集足够多的信息，以便了解"我在哪 / 我怎么了"。在这个过程中，你一定程度上被解惑了。虽然你仍然不知道自己所在位置的坐标、名称，但你在自己的内心中构建出了这里的样子，为这里赋予了个人意义。下山后，或许无论你再怎么努力，也不可能搞清楚客观上你当时在哪里，这个谜团永远也解不开了，但你可以不再深陷谜团。你可能终生都没办法再去那个地方，但你可以绘声绘色地向朋友描述，"我那天去了一个超级漂亮的地方，那里有……"，以这种方式带你的朋友和你自己回到那里。这样，这段经历就不再是造成困扰的，而是充满意义的。

如果在那种困惑当中，我们发现自己停止心智化了（当然，要发现这一点，也需要有一定的心智化能力才行），记得用我们的口诀来提醒自己。先按下暂停键，从像漩涡一样令人眩晕的迷局中暂时脱身，回到我们自身的内在安全空间中，去思考自己怎么了，恢复心智化能力。我们内在的安全空间（如果你记不清了，请回到健心房 11），就是一个可以一直跟随着我们的锚点，当我们"云深不知处"，无法定位自己时——不管这是物理层面还是心理层面的——我们都可以回到那个锚点，重新找到自己的所在之处。

迷糊是常态

但我们也会发现有一类人，似乎总是迷迷糊糊的，如果你是他们中的一员,你经常使用的语句可能是。

- 哎呀,我莫名其妙地就买了……
- 我怎么稀里糊涂地就把这件事答应了呢?
- 我一点也记不得我为什么会那么说。

一个人可能会倾向于用迷糊(或其他类似的词语)来定义自己,例如,"哎呀,我又是莫名其妙地买了用不着的东西,真没办法呀,谁让我就是这种迷糊的人呢"。有没有发现,在此刻,他用这种自我定义,停止了对自己的好奇,不再心智化自己了。这种时候,"我就是某某样的人,所以我就会怎么怎么样"成了终极答案。

我们时常会用终极答案结束思考,不管是对自己,对他人,还是对环境。"他就是那种人""这类人都是人渣""最近运势不佳","我们 ×× 人都……""我就是拖延症""我这人就是记性差"……

不是说用终极答案结束思考就完全不好(认为某事完全不好,这是非心智化的),甚至有时候还很需要那样做,例如,有时需要我们迅速分类、迅速做出决定,或者必须迅速摆脱现状。

但这种方式并不能促进我们对自己的理解。当然,我们用迅速分类的方式也在一定程度上认识了自己,但这样又把具有无限可能性的、丰富的自己"缩小"了。时不时地这样做,以获得一些确定感,也是我们的内在需要。我们在一生中可能都会在这种需要寻找一些确定性和可以容忍一些不确定性之间徘徊。可是，如果我们始终拥抱着确定性，封闭了思考，那么就没办法心智化地去理解更丰富、更深刻的自己了。

怎样恢复心智化呢？永远不要把故事轻易地画上句号，要对自己保持好奇。我们仍然可以说，"哎呀，怎么会这样呢，我真是一个迷糊的人"，但故事还有下文，我们可以继续问，"但是我为什么是一个迷糊的人呢？我还可能是其他样子的人吗？如果我当下确实是一个迷糊的人，那我是怎么成了这种迷糊的人的呢"。不管是什么样的问题，只要我们能够保持好奇，关于"我"的故事就能够继续书写下去。

也就是说，"迷糊"只是一种发生在自己身上的现象，它并不与我们自己等同。当我们把它和自己拆分开，好奇地去看待自己和看待"迷糊"的时候，故事的走向可能大不相同。

说不定我们会发现，所谓的"迷糊"只是自我洗脑，其实客观地分析一下，自己并没有那么迷糊。

或者，我们可能发现，我的确迷糊，但这是由于生理上的困扰导致的，我可能很容易分心，有成人 ADHD（注意缺陷／多动障碍）的倾向。

或者，我们发现，自己这种迷糊、经常神游的情况，其实与自己的情绪状态有很大关联。

> 小注解：你知道吗，成年人也可能会有 ADHD（注意缺陷 / 多动障碍）。这是一种神经发育上异于常人的表现，症状有可能伴随着大脑的成熟逐渐趋于消失，也有可能会持续到成年以后。ADHD 的诊断要由精神科医生进行，通常各大精神专科医院都可以进行这个诊断。请注意，成年人就医，在有些医院需要转诊到儿科才能做 ADHD 的诊断。

不管是哪一种原因，重要的是，我们要保持心智化的思考：行动的背后有一整个心理状态，稀里糊涂的、记不得的、莫名其妙而做的事，也是我们的行动，基本上没有什么真正的"莫名其妙"，行动的背后总是有来自我们内心的某种原因，只是有时候没那么容易发现。如果我们不放弃，把关于自己的故事书写下去，就有可能发现背后的心理状态，这样，"迷糊"的我们会对自己认识得更加清晰。

在发现迷糊的原因之后，我们可以选择去改变，也可以选择不改变，如果觉得这种看起来迷糊的人设也不错，就揣着明白装糊涂，继续这个人设好了。选择过怎样的人生是每个人的自由。**不过，只有在清楚自己是怎么回事的前提下，我们才有真正自主选择的自由。**

身体和行动讲述着和头脑不同的故事

有的时候，我们的头脑仿佛没有思考某个问题，或者我们仿佛没有某些感受，但是我们的身体或行动，却在讲述着不同的故事。

我并不是想庸俗地说，"身体还是很诚实的嘛"。这话如果是用来操控别人，就太恶劣了，但这句话本身的确有合理的成分。

有一些思想和感受，我们可能会想把它们屏蔽在意识范围之外，例如"哎呀，这个问题太难了，我不要想了，去打游戏吧"，试图用这样的方式来解放自己，或者是我们在过去的经验中，不断地被告知，"想这些没有用"，或者"哭有什么用"，所以我们只能学着把一些思想和感受屏蔽掉。

这就像我在上一节里面谈到过的，身体被分成了不同的部分，我们试图把那些有感觉的部分异化，甚至用类似于"只要我不想，它就不存在"的方式，让自己不去意识到它。但我们没办法把它完全消灭。这些感受无处可去，最终，就可能会绕过头脑，通过我们的身体和行动表达出来。

例如，有一个棘手的问题，你怎么也想不通，最后决定，算了，不想了。所以你去刷手机、看视频，让自己忙得不亦乐乎，忘掉这个棘手的问题。最后，你好像真的把这件事抛到九霄云外了，没有再想起它。

但你有可能会发现，接下来几天你都失眠了。你不知道为什么，或者，你承认失眠也许是由于自己焦虑了，可你想不通自己怎么会焦虑。因为你已经把那件棘手的事以及与它相关的感受都屏蔽到意识以外了，所以，你无法心智化那个部分的自己，你不知道自己怎么了，没办法把失眠和那件事联系在一起。此时，头脑和身体仿佛不再相互关联，而是各干各的。头脑说："我挺好的，我没事。"身体却说："我很不好，我睡都睡不着。"头脑和身体各自讲述着不同的故事。

失眠、肠胃问题、口腔溃疡、眩晕、心脏不适等，都是常见的身体表达（当然，我并不是说这类问题不需要就医，不排除存在真正的生理问题）。

我们的梦也是讲述不同故事的"一把好手"。那些被抛诸脑后的念头经常会在我们的睡梦中浮现出来，有时候它们会化化妆，以变了形的方式表现出来，有时候干脆就直白地在梦里上演。

有时这些想法和感受会用行动表现出来，但我们可能并不知道自己为什么会做出这种行动。因为行动所表达的内容也和我们的头脑分隔开了，没办法联系起来。

作家伊坂幸太郎写过一篇令人难忘的短篇小说《透明色北极熊》，故事主人公的姐姐，每次失恋时，好像并没有表现出什么情绪的波动，但是在每一次失恋后不久，她都会突然离开家去旅行，并且越走越远，越走时间越久，到最后，永远地远离了家乡。

如果我们有一双善于观察的眼睛和一个可以进行心智化的大脑，我们就可以从那些看似无序、莫名其妙的行动中看出规律，可以推测这些有规律的行动背后的心智世界。

用行动来表达，常见的方式之一是情绪性进食，例如，有的人说，"我每隔一段时间就想要吃很多东西，我明明不饿，也没有多爱吃那些东西，但我就是控制不住，有一种莫名其妙的力量驱动着我，不得不吃。"

当我们习惯了使用身体和行动来表达感受时，要把它们所表达的内容和我们的内在世界联系起来，是一件很不容易的事情，因为这种操作本身就是为了绕过我们的头脑。我们的头脑曾经表示"我并不想知道"，所以才试图把这些感受驱逐出去。

只有在我们感觉相对安全一些的时候，才能慢慢地把这些感受拿回来。不管这个过程有多难，我想，起点仍然是对自己的好奇。当我们不再受困于"我并不想知道"，我们就可以回到心智化的状态，开始好奇"我怎么了""为什么会这样""想必一定有某个我不知道的原因吧"。对未知的自我的理解就始于这个起点。

▶ **更清晰的自我，对自我忠诚**

有的人也许会说，看得那么清楚干嘛？怪累的，有多少人还不就是浑浑噩噩地过了一辈子，也没什么不好呀，现代人就是容易想太多。

我还是那句话，一个人要怎么过他自己的生活是这个人自己的选择。每一种生活方式都值得尊重。**不过，那得是他自己想要过那样的生活，而不是被放到那样的生活里动弹不得**。如果生活过于痛苦，又没有足够的资源，那么，先保证活下去是最重要的。如果我们的生活没有把我们压得喘不过气来，那么，我还是觉得，使用那个可以喘息的空间，做一些心智化的思考是划算的。因为我们只有清楚自己怎么了、自己是什么样子的，才有自由做出选择，而不是被动地跟着生活随波逐流，或者被恐惧追着跑。

我想到在 2016 年的一次画展上，我和画家凯尔·斯科尔的私人谈话。凯尔曾是美国最年轻的总统奖学金获得者，在 22 岁那年到哈佛大学跟随心理学界的顶级专家——多元智能理论创始人霍华德·加德纳攻读心理学博士，这是一个会让心理学工作者大呼"哇塞"的经历（这就是我当时的反应）。但最终，他选择不再继续学业，而是投入绘画中。算是和前同行的惺惺相惜吧，那天我们聊了很久。最令我感动的是凯尔的这番话：

"如果别人喜欢我的画，那是让我很开心的一件事情，但是，如果他们不喜欢我的画，那我也没有别的办法，因为我只能画成这个样子，这就是我真实的画法。"

这番话不是一套准备好的说辞，当然，他过去可能对此深深地思考过，但这些话，都是在我们对话的过程中，他自然的真情流露。"如果别人喜欢我当下的样子，我也会因此非常开心，享受被别人的喜欢，如果别人不喜欢，我也不会刻意去做什么，因为我知道我就是这个样子的。不管被不被喜欢，我都努力认清我自己，接受自己真实的样子"，这想法堪称人间清醒吧。

凯尔的话让我想到了"忠诚"（fidelity）这个词。我是指埃里克·埃里克森在谈到"自我同一性"（ego identity）时所说的，我们在挣扎于自我同一性（知道我是谁）和同一性混乱（不知道我是谁）的过程中所形成的力量品质：忠诚。它首先指的并不是忠诚于别人，而是指忠诚于自己，忠诚于逐渐确立起来的，真实的自己。

在埃里克森的理论中，自我同一性的探索是持续终生的工作。我们并不是在某个时刻找到关于我是谁的终极答案，就此画上句号，而是始终在心智化的过程中，保持着好奇，继续着对自我的提问，把故事讲下去。在这个过程中，我们不断加深对自己的认识，自我的轮廓越来越清晰。当我们形成忠诚这个品质后，我们勇于接受真实的自己，并且捍卫真实的自己，同时又不会故步自封。"接受自己当下的样子又不故步自封"，能够持有这种带有矛盾性的心态，也正是心智化的特点。

▶ 健心房 13：对自己好奇

心智化不仅涉及对他人的了解，也涉及理解"我"。我有着什么样的体验？我的内在心理状态是什么样子的？整体来说我是什么样的人？

对自己始终保持好奇，用开放的态度去探索自己的可能性，是心智化的重要态度。

我猜，你曾经用过不同的方法，来试着认识自己。让我们今天换一种有趣的方式，再来试着认识一下你自己吧。

想象练习

找一个令你舒适的地方，确保在接下来的一段时间里，你可以不受打扰。你坐着或躺着都可以，找一个令你感觉舒适放松的姿势。

深呼吸。你可以闭上双眼或微闭双眼，让我们暂时免受外在环境的影响，进入自己的内心世界。

想想看，如果要用一种颜色来形容你自己，你是什么颜色呢？

请仔细想象这个颜色，让这个颜色真的浮现在你的脑海中，你可以花一点时间看看这个颜色，体会它的色彩、浓度。

现在，请想象在这团颜色之中有一个亮点，继续花时间看看这团颜色和它的亮点，去体会它们。不要担心时间，你想花多长时间，就花多长时间。

当你觉得时间足够了，你可以睁开眼睛。现在，让我们带着你所想象到的那个画面和感受，来做一些思考吧。

1. 你为什么是这种颜色？

_____

_____

2. 这种颜色代表着什么？

_____

_____

3. 关于这种颜色，你还能想到些什么吗？

_____

_____

4. 当你在这种颜色中看到亮点时，你是什么心情？

_____

_____

5. 在你实际的经历和体验当中, 你觉得这个亮点代表着什么?

后记　故事还在继续……

这是一本关于人际互动的书，但这首先也是一本关于自我成长的书。因为即便是讲到别人行为背后的内心世界，也是拿我们自己作为坐标原点，就算我们试着换角度去思考，也是我们自己在思考。

如此说来，此刻我真心想对你道一声：辛苦了！

虽然我还没有完全认识你，但我猜你想必是个很努力的人，你时常对这个世界好奇，或者，有时感到困惑。

选择这本书，你可能希望在关键时刻能够帮到自己，也可能是你当前遇到了一些困扰，想要变得更强大、更自在。

也许你感觉生活中有些疲惫，想要借此书歇歇脚，最好能从中得到一些答案。

为了这样的你，我在本书中设置了一些健心房，希望能更有效地帮到你。这些健心房多数都需要一段时间的练习，希望你即使读完了本书，也能在生活中继续练习。

给我讲个故事吧，普尤。

哪个故事，孩子？

有个好结局的故事。

天底下没有这种事。

好结局？

结局。

——珍妮特·温特森，《守望灯塔》

这本书虽然已经到了结尾，但关于你的故事永远没有结局。

保持好奇，保持开放，把你的故事继续讲下去吧。

喜欢你真实的样子。

最后，谢谢我的策划编辑黄文娇，感谢她陪伴我一起探索这场心智化成长之旅。没有她的鼓励和积极推进，就不会有本书的出版。